電験3種
計算問題早わかり
図形化解法マスタ
第2版

電気書院編集部 著

電気書院

はじめに

　電験第三種に合格するためには，計算問題を征服しなければなりません．計算問題を征服するためには，電気の公式や数学の公式をマスタしなければなりません．

　電気の公式や数学の公式を覚えても，計算問題はなかなか解けないのが現実です．

　計算問題が解けるような学習はどのように行えばよいのか．

　ここでは，ほかの参考書・問題集などの解答・解法とは，全く異なるユニークな**図形化解法**により，4科目に出題される計算問題の考え方・解き方をとりあげました．

　計算問題は，常に次の6項目の手順で解くことをマスタしてください．

① 問題を読んで，何を求めるのか
② 問題にどんな条件が与えられているのか
③ どんな電気の公式が必要なのか
④ どんな数学の公式が必要なのか
⑤ 問題の文章を図形化する（問題の図形も図形化する）
⑥ 電気の公式に問題の数値を代入して，計算する

　本書のように，一体化したノートを作成して，すべて計算問題はこのノートの形にまとめてしまう学習を行えば，電気や数学の公式は覚えるし，問題に応じた公式の使い分けも自由自在にできるようになります．

　いままで，どうしても計算問題は苦手と考えていた受験者の方には，本書での学習によって，計算問題が解けるようになるものと確信しております．

電気書院編集部

目　　次

理　　論

テーマ1	抵抗温度係数に関する計算	2
テーマ2	キルヒホッフの法則に関する計算	4
テーマ3	△－Y等価変換に関する計算	6
テーマ4	鳳・テブナンの定理に関する計算	8
テーマ5	重ね合わせの理に関する計算	10
テーマ6	平行板コンデンサに関する計算	12
テーマ7	コンデンサの接続に関する計算	14
テーマ8	磁気におけるクーロンの法則	16
テーマ9	磁気回路におけるオームの法則	18
テーマ10	フレミングの右手の法則に関する計算	20
テーマ11	電磁力とトルクに関する計算	22
テーマ12	円形コイルの中心磁界に関する計算	24
テーマ13	相互インダクタンスに関する計算	26
テーマ14	正弦波交流の位相角に関する計算	28
テーマ15	正弦波交流のベクトル表示の計算	30
テーマ16	RLC並列回路の合成電流の計算	32
テーマ17	直列・並列等価回路に関する計算	34
テーマ18	最大電流・最大電力に関する計算	36
テーマ19	位相調整条件に関する計算	38
テーマ20	交流ブリッジに関する計算	40
テーマ21	3電圧計法・3電流計法に関する計算	42
テーマ22	三相回路の電力，電流に関する計算	44
テーマ23	三相並列負荷の線路電流の計算	46
テーマ24	単相電力計による三相電力の計算	48
テーマ25	ひずみ波交流に関する計算	50
テーマ26	分流器と倍率器に関する計算	52
テーマ27	測定誤差に関する計算	54

| テーマ 28 | 電界内の電子の運動に関する計算 | 56 |
| テーマ 29 | 磁界内の電子の運動に関する計算 | 58 |

電力

テーマ 30	水力発電所の出力，効率に関する計算	62
テーマ 31	比速度と水車回転数に関する計算	64
テーマ 32	流速，流量，回転数に関する計算	66
テーマ 33	水頭の種類と流量に関する計算	68
テーマ 34	揚水発電所に関する諸計算	70
テーマ 35	水車・タービンの速度調定率の計算	72
テーマ 36	火力発電所の熱効率に関する諸計算	74
テーマ 37	熱消費率，燃料消費率の計算	76
テーマ 38	変圧器の並行運転に関する諸計算	78
テーマ 39	％インピーダンスと短絡電流等の計算	80
テーマ 40	送電線路の送電電圧に関する計算	82
テーマ 41	最大負荷と電圧降下率に関する計算	84
テーマ 42	最大電力と電力損失率に関する計算	86
テーマ 43	線路損失とコンデンサ容量の計算	88
テーマ 44	線路損失率と電線の太さの計算	90
テーマ 45	送電線のたるみと実長の計算	92
テーマ 46	配電方式による諸量の比較計算	94
テーマ 47	単相3線式配電線路の諸計算	96
テーマ 48	電圧降下と電圧変動率の計算	98
テーマ 49	ループ配電方式に関する諸計算	100
テーマ 50	母線電圧と短絡電流に関する諸計算	102
テーマ 51	配電線路の昇圧器に関する諸計算	104
テーマ 52	異容量変圧器に関する計算	106
テーマ 53	1線地絡時の対地電圧と地絡電流	108
テーマ 54	電力ケーブルの静電容量の計算	110

機械

| テーマ 55 | 変圧器の等価回路に関する計算 | 114 |

テーマ 56	変圧器の %Z による電圧変動率の計算	116
テーマ 57	変圧器の結線と負荷に関する計算	118
テーマ 58	変圧器の全日効率に関する計算	120
テーマ 59	変圧器の部分負荷時の効率の計算	122
テーマ 60	変圧器の最大効率に関する計算	124
テーマ 61	変圧器の短絡試験に関する計算	126
テーマ 62	単巻変圧器の最大通過容量の計算	128
テーマ 63	誘導電動機の回転数と滑りの計算	130
テーマ 64	誘導電動機の機械的出力の計算	132
テーマ 65	トルクの比例推移による外部抵抗	134
テーマ 66	誘導電動機の出力と効率の計算	136
テーマ 67	同期発電機の短絡比と同期インピーダンスに関する計算	138
テーマ 68	同期発電機の電圧降下の計算	140
テーマ 69	発電機・電動機の回転速度の計算	142
テーマ 70	直流発電機の並行運転に関する計算	144
テーマ 71	直流電動機の発生トルクの計算	146
テーマ 72	直流電動機の始動電流と始動抵抗	148
テーマ 73	サイリスタの整流回路に関する計算	150
テーマ 74	立体角に関する光束・照度の計算	152
テーマ 75	点光源に関する水平面照度の計算	154
テーマ 76	球形グローブに関する照度の計算	156
テーマ 77	配光曲線に関する照度の計算	158
テーマ 78	相互反射に関する照度の計算	160
テーマ 79	無限長直線光源に関する照度計算	162
テーマ 80	室内照明における灯数の計算	164
テーマ 81	道路照明の配列による照度の計算	166
テーマ 82	発熱体の太さと長さに関する計算	168
テーマ 83	誘導炉における所要電力の計算	170
テーマ 84	熱伝導率と熱抵抗に関する計算	172
テーマ 85	熱量による換気扇容量の計算	174

テーマ 86	はずみ車効果と運動エネルギー計算	176
テーマ 87	合成はずみ車効果と歯車比の計算	178
テーマ 88	起重機用電動機の所要出力の計算	180
テーマ 89	ポンプ用電動機の所要出力の計算	182
テーマ 90	送風機用電動機の所要出力の計算	184
テーマ 91	エレベータ用電動機の所要出力計算	186
テーマ 92	RC 回路の周波数伝達関数の計算	188
テーマ 93	ブロック線図による伝達関数の計算	190
テーマ 94	他励式直流発電機の伝達関数の計算	192
テーマ 95	一次遅れ要素のボード線図の特性	194
テーマ 96	二次遅れ要素の減衰率・ゲイン計算	196
テーマ 97	電気分解に関する諸計算	198

法　　規

テーマ 98	低圧架空電線の絶縁抵抗の計算	202
テーマ 99	絶縁耐力試験に関する計算	204
テーマ 100	1 線地絡電流と B 種接地抵抗の計算	206
テーマ 101	接触時における対地電圧の計算	208
テーマ 102	引留め柱の支線条数の計算	210
テーマ 103	電線の風圧荷重の計算	212
テーマ 104	架空送電線路のたるみの計算	214
テーマ 105	調整池式発電所の出力の計算	216
テーマ 106	流況曲線に関する出力の計算	218
テーマ 107	負荷持続曲線に関する出力の計算	220
テーマ 108	需要率・不等率に関する計算	222
テーマ 109	日負荷曲線による総合負荷率の計算	224
テーマ 110	力率改善による電力損失減少の計算	226
テーマ 111	変圧器の全日効率の計算	228

索　　引　　　231

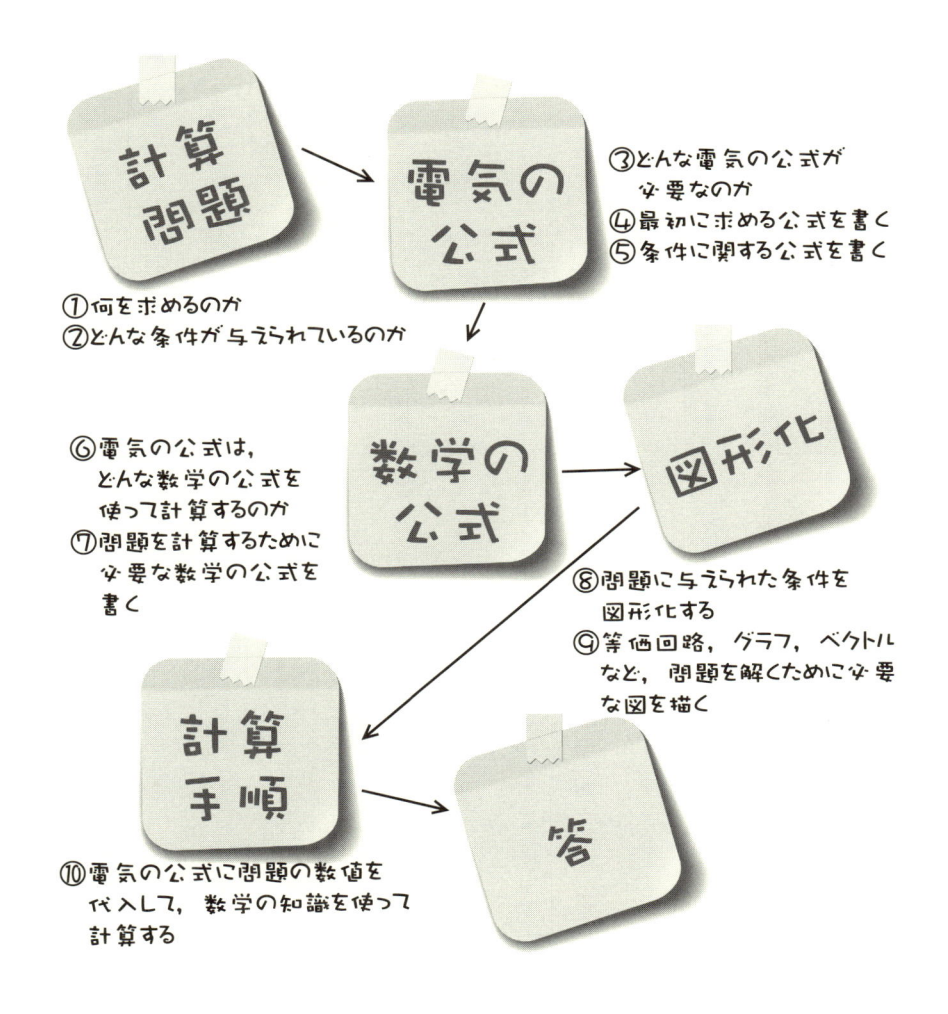

理　　論

- 計算問題
  - ① 何を求めるのか
  - ② どんな条件が与えられているのか

- 電気の公式
  - ③ どんな電気の公式が必要なのか
  - ④ 最初に求める公式を書く
  - ⑤ 条件に関する公式を書く

- 数学の公式
  - ⑥ 電気の公式は，どんな数学の公式を使って計算するのか
  - ⑦ 問題を計算するために必要な数学の公式を書く

- 図形化
  - ⑧ 問題に与えられた条件を図形化する
  - ⑨ 等価回路，グラフ，ベクトルなど，問題を解くために必要な図を描く

- 計算手順
  - ⑩ 電気の公式に問題の数値を代入して，数学の知識を使って計算する

- 答

テーマ1 抵抗温度係数に関する計算

● 問 題 ●

銅線でつくられたコイルの抵抗が20〔℃〕のとき0.64〔Ω〕であった．コイルに電流を通じたとき0.72〔Ω〕になったとすれば，このときの温度〔℃〕の値として，正しいのは次のうちどれか．

(1) 39.2　　(2) 46.4　　(3) 51.8
(4) 56.3　　(5) 60.5

電気の公式

(1) 導体の電気抵抗

$$R = \rho \frac{l}{A} \,[\Omega], \quad R = \rho' \frac{4l}{d^2 \pi} \,[\Omega]$$

ρ：抵抗率〔Ω·m〕, ρ'：〔Ω·mm²/m〕, A：断面積〔m²〕,
l：長さ〔m〕, d：直径〔mm〕

(2) 導体の温度と抵抗

$$R_T = R_t \{1 + \alpha_t (T - t)\} \,[\Omega]$$

R_T：温度 T〔℃〕における抵抗値〔Ω〕
R_t：温度 t〔℃〕における抵抗値〔Ω〕
α_t：温度 t〔℃〕における抵抗温度係数〔1/℃〕
T, t：温度〔℃〕

(3) 抵抗温度係数の定義式

$$\alpha = \frac{\Delta R}{R} \,[1/℃]$$

$$= \frac{\text{ある温度より1〔℃〕上昇した場合の抵抗増加分〔Ω/℃〕}}{\text{ある温度の抵抗値〔Ω〕}}$$

銅線の抵抗温度係数 $\alpha_t = \dfrac{1}{234.5 + t}$〔1/℃〕

図形化

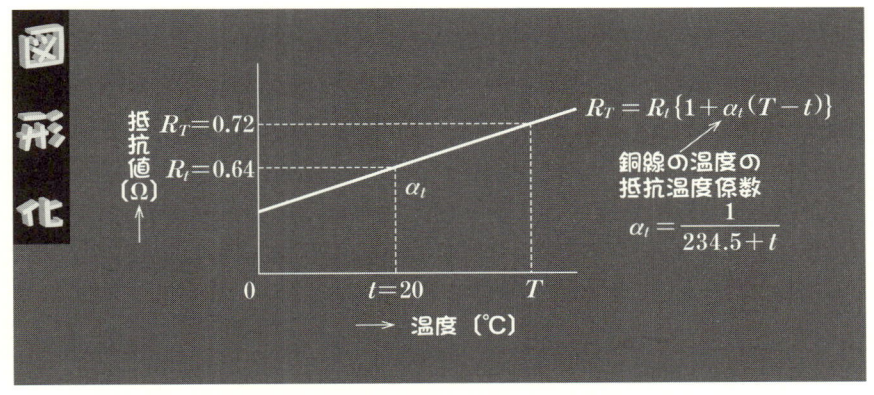

抵抗値 $[\Omega]$
- $R_T = 0.72$
- $R_t = 0.64$

$R_T = R_t\{1+\alpha_t(T-t)\}$

銅線の温度の抵抗温度係数
$\alpha_t = \dfrac{1}{234.5+t}$

温度 $[℃]$, $t=20$, T

●計算手順●

1. $20[℃]$ における銅線の抵抗温度係数 α_t を求める．

$$\alpha_t = \frac{1}{234.5+t} = \frac{1}{234.5+20}$$

2. 温度 $T[℃]$ における抵抗値 $R_T[\Omega]$ の式をたてる．（図形化参照）

$$R_T = R_t\{1+\alpha_t(T-t)\}$$

$$0.72 = 0.64 \times \left\{1+\frac{1}{234.5+20} \times (T-20)\right\}$$

α_t：$20[℃]$ における抵抗温度係数 $[1/℃]$
R_t：$20[℃]$ における抵抗値 $[\Omega]$
R_T：$T[℃]$ における抵抗値 $[\Omega]$

3. 抵抗値 $R_T[\Omega]$ における温度 $T[℃]$ を求める．
公式を変形して，

$$1+\alpha_t(T-t) = \frac{R_T}{R_t}, \quad \alpha_t(T-t) = \frac{R_T-R_t}{R_t}$$

$$T = \frac{R_T-R_t}{\alpha_t R_t}+t = \frac{(234.5+20)\times(0.72-0.64)}{0.64}+20$$

$$= 51.8[℃]$$

●答● (3)

テーマ2 キルヒホッフの法則に関する計算

●問　題●

図において，回路電流 I_1〔A〕の値として，正しいのは次のうちどれか．

(1)　0.14　　(2)　0.29
(3)　0.36　　(4)　0.43
(5)　0.52

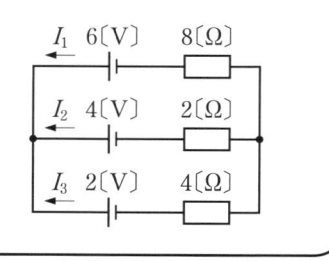

電気の公式

(1) **キルヒホッフの第1法則（電流に関する法則）**

回路網の任意の1点に流入する（または任意の1点から流出する）電流の代数和は0である．

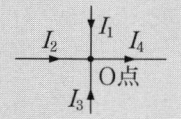

$$I_1+I_2+I_3-I_4=0, \quad \text{または}, \quad I_1+I_2+I_3=I_4$$

(2) **キルヒホッフの第2法則（電圧降下に関する法則）**

回路網の任意の閉回路に沿って定められた方向に働く起電力の代数和は，その方向に流れる電流による電圧降下の代数和に等しい．

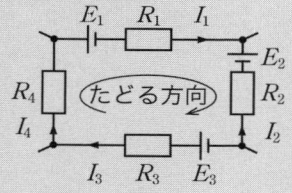

$$-E_1-E_2+E_3=I_1R_1-I_2R_2+I_3R_3+I_4R_4$$

閉回路においてたどる方向と起電力，電流の方向が同じ場合は起電力，電圧降下は＋（プラス）とし，逆方向の場合は－（マイナス）として式をたてる．

数学の知識

(1) 連立一次方程式の解法の種類
　(a)　加減法　　(b)　代入法　　(c)　等置法　　(d)　行列法
(2) 等式の性質

図形化

[回路図: I_1, $E_1=6$(V), $R_1=8(\Omega)$ — 閉回路A; I_2, $E_2=4$(V), $R_2=2(\Omega)$; 接続点 a点; 閉回路B; I_3, $E_3=2$(V), $R_3=4(\Omega)$]

●計算手順●

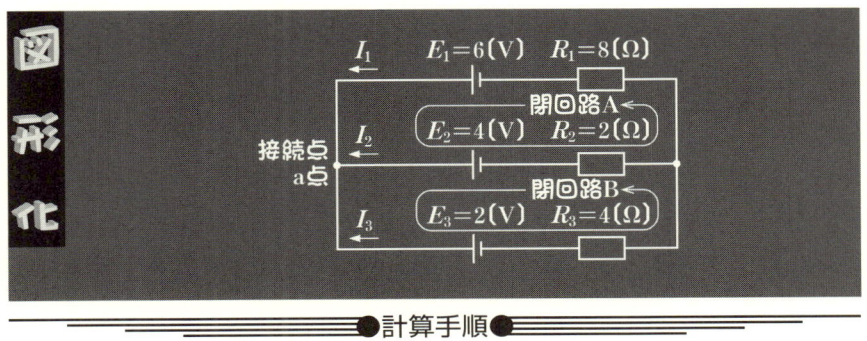

▶1 各枝路の電流の大きさ I_1,I_2,I_3 と方向（矢印）を仮定し，図形化のように閉回路A，Bをたどる方向を決める．

▶2 a点において，第1法則を適用する．
$$I_1+I_2+I_3=0 \quad ①$$

▶3 閉回路AおよびBにおいて，第2法則を適用する．
$$R_1I_1-R_2I_2=E_1-E_2,\ 8I_1-2I_2=6-4 \quad ②$$
$$R_2I_2-R_3I_3=E_2-E_3,\ 2I_2-4I_3=4-2 \quad ③$$

▶4 ②，③式を簡単に整理すると，
$$4I_1-I_2=1 \quad ④$$
$$I_2-2I_3=1 \quad ⑤$$

▶5 ⑤式を④式に代入すると，
$$4I_1-(1+2I_3)=1,\ 4I_1-2I_3=2$$
$$2I_1-I_3=1 \quad ⑥$$

▶6 ⑤式を①式に代入すると，
$$I_1+1+2I_3+I_3=0$$
$$I_1+3I_3=-1 \quad ⑦$$

▶7 ⑥式を⑦式に代入すると，
$$I_1+3\times(2I_1-1)=-1,\ I_1+6I_1-3=-1,\ 7I_1=2$$

$$\therefore\ I_1=\frac{2}{7}\fallingdotseq 0.29\ \text{[A]}$$

●答● (2)

テーマ 3 △−Y等価変換に関する計算

●問題●

図のような直流回路において，電流の比 I_1/I_2 はいくらか．正しい値を次のうちから選べ．

(1) 0.43 (2) 0.57
(3) 0.75 (4) 1.33
(5) 1.75

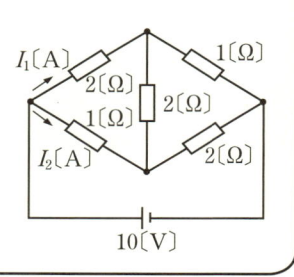

電気の公式

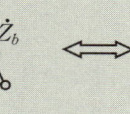

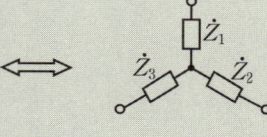

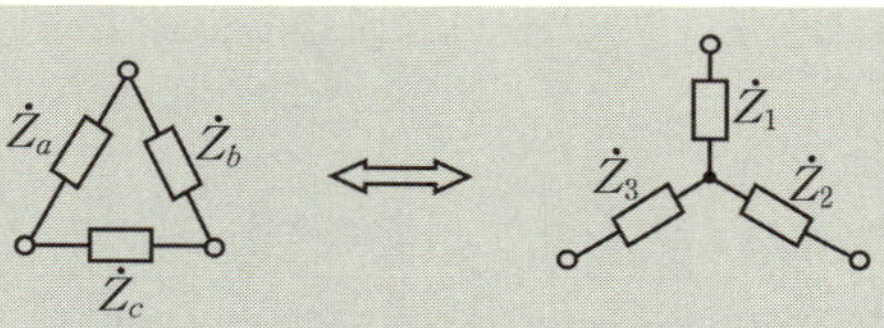

(1) △→Y変換

$$\dot{Z}_1 = \frac{\dot{Z}_a \dot{Z}_b}{\dot{Z}_a + \dot{Z}_b + \dot{Z}_c}$$

$$\dot{Z}_2 = \frac{\dot{Z}_b \dot{Z}_c}{\dot{Z}_a + \dot{Z}_b + \dot{Z}_c}$$

$$\dot{Z}_3 = \frac{\dot{Z}_c \dot{Z}_a}{\dot{Z}_a + \dot{Z}_b + \dot{Z}_c}$$

各インピーダンスが等しければ，
$\dot{Z}_a = \dot{Z}_b = \dot{Z}_c = \dot{Z}_\triangle$
$\dot{Z}_1 = \dot{Z}_2 = \dot{Z}_3 = \dot{Z}_Y$

∴ $\dot{Z}_Y = \dfrac{\dot{Z}_\triangle}{3}$

(2) Y→△変換

$$\dot{Z}_a = \frac{\dot{Z}_1\dot{Z}_2 + \dot{Z}_2\dot{Z}_3 + \dot{Z}_3\dot{Z}_1}{\dot{Z}_2}$$

$$\dot{Z}_b = \frac{\dot{Z}_1\dot{Z}_2 + \dot{Z}_2\dot{Z}_3 + \dot{Z}_3\dot{Z}_1}{\dot{Z}_3}$$

$$\dot{Z}_c = \frac{\dot{Z}_1\dot{Z}_2 + \dot{Z}_2\dot{Z}_3 + \dot{Z}_3\dot{Z}_1}{\dot{Z}_1}$$

各インピーダンスが等しければ，
$\dot{Z}_1 = \dot{Z}_2 = \dot{Z}_3 = \dot{Z}_Y$
$\dot{Z}_a = \dot{Z}_b = \dot{Z}_c = \dot{Z}_\triangle$

∴ $\dot{Z}_\triangle = 3\dot{Z}_Y$

図形化

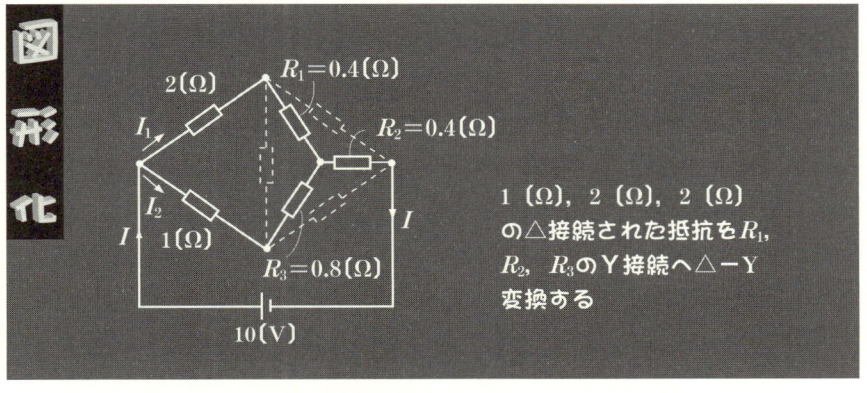

$R_1 = 0.4\,[\Omega]$
$R_2 = 0.4\,[\Omega]$
$R_3 = 0.8\,[\Omega]$
$2\,[\Omega]$
$1\,[\Omega]$
$10\,[V]$
I_1, I_2, I

1〔Ω〕, 2〔Ω〕, 2〔Ω〕の△接続された抵抗をR_1, R_2, R_3のY接続へ△-Y変換する

●計算手順●

1 問題の回路図の1〔Ω〕, 2〔Ω〕, 2〔Ω〕の△接続された抵抗をR_1, R_2, R_3のY接続へ△-Y変換する．

$$R_1 = \frac{1 \times 2}{1+2+2} = 0.4\,[\Omega]$$

$$R_2 = \frac{1 \times 2}{1+2+2} = 0.4\,[\Omega]$$

$$R_3 = \frac{2 \times 2}{1+2+2} = 0.8\,[\Omega]$$

2 回路の全電流をIとすると，各電流I_1およびI_2はそれぞれ，次式で表せる．

$$I_1 = \frac{1+0.8}{2+0.4+1+0.8}I = \frac{1.8}{4.2}I$$

$$I_2 = \frac{2+0.4}{2+0.4+1+0.8}I = \frac{2.4}{4.2}I$$

3 電流の比I_1/I_2を求める．

$$\frac{I_1}{I_2} = \frac{\frac{1.8}{4.2}I}{\frac{2.4}{4.2}I} = \frac{1.8}{2.4} = 0.75$$

●答● (3)

テーマ 4 鳳・テブナンの定理に関する計算

●問　題●

図のような回路において，抵抗R_2を流れる電流$\dot{I}$の値〔A〕として，正しいのは次のうちどれか．

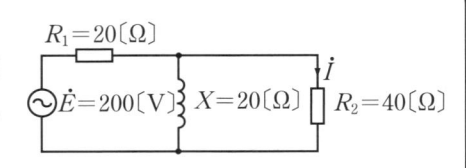

$R_1=20〔Ω〕$，$\dot{E}=200〔V〕$，$X=20〔Ω〕$，$R_2=40〔Ω〕$

(1) $1.54+j2.31$　　(2) $1.54-j2.31$　　(3) $2.31-j1.54$
(4) $2.31+j1.54$　　(5) $2.31+j2.31$

電気の公式

$$\dot{I}=\frac{\dot{V}_{ab}}{\dot{Z}_{ab}+\dot{Z}}$$

$\dot{I}$：電流〔A〕
$\dot{V}_{ab}$：回路網の端子abの開放時に現れる電圧〔V〕
$\dot{Z}_{ab}$：端子abより回路網をみたインピーダンス〔Ω〕
$\dot{Z}$：端子ab間のインピーダンス〔Ω〕

数学の知識

複素数の割り算　$\dot{A}=a_1+ja_2$，$\dot{B}=b_1+jb_2$とするとき，

$$\frac{\dot{A}}{\dot{B}}=\frac{a_1+ja_2}{b_1+jb_2}=\frac{(a_1+ja_2)(b_1-jb_2)}{(b_1+jb_2)(b_1-jb_2)}$$

$$=\frac{a_1b_1-ja_1b_2+ja_2b_1+a_2b_2}{b_1^2+b_2^2}=\frac{(a_1b_1+a_2b_2)+j(a_2b_1-a_1b_2)}{b_1^2+b_2^2}$$

図形化

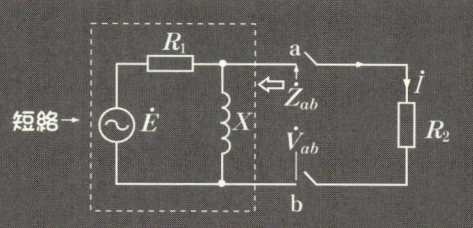

$\dot{V}_{ab}$：端子ab間の開放時に現れる電圧〔V〕
$\dot{Z}_{ab}$：端子abより電源側をみたインピーダンス〔Ω〕
（電源$\dot{E}$を短絡して$\dot{Z}_{ab}$を求める）
R_2：外部抵抗〔Ω〕
$\dot{I}$：抵抗R_2に流れる電流〔A〕

●計算手順●

1. 端子ab間に現れる電圧$\dot{V}_{ab}$〔V〕を求める．

$$\dot{V}_{ab} = \dot{E} - \frac{\dot{E}}{R_1 + jX}R_1 = 200 - \frac{200}{20 + j20} \times 20$$
$$= 200 \times \left(1 - \frac{1}{1+j}\right) = \frac{j200}{1+j} \text{〔V〕}$$

2. 端子ab間から電源側をみたインピーダンス$\dot{Z}_{ab}$〔Ω〕を求める．

$$\dot{Z}_{ab} = \frac{1}{\dfrac{1}{R_1} + \dfrac{1}{jX}} = \frac{R_1(jX)}{R_1 + jX} = \frac{20 \times (j20)}{20 + j20} = \frac{j20}{1+j} \text{〔Ω〕}$$

3. 抵抗R_2に流れる電流$\dot{I}$〔A〕を鳳・テブナンの定理より求める．

$$\dot{I} = \frac{\dot{V}_{ab}}{\dot{Z}_{ab} + R_2} = \frac{\dfrac{j200}{1+j}}{\dfrac{j20}{1+j} + 40} = \frac{j200}{40 + j60} = \frac{j10}{2+j3}$$
$$= \frac{j10 \times (2-j3)}{2^2 + 3^2} \fallingdotseq 2.31 + j1.54 \text{〔A〕}$$

●答● (4)

5 重ね合わせの理に関する計算

●問　題●

図において，電流の大きさ I_3 〔A〕の値として，正しいのは次のうちどれか．

(1) 1
(2) 2.5
(3) 3.5
(4) 4.5
(5) 5

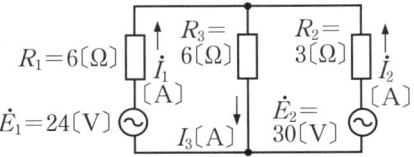

$R_1=6$〔Ω〕, $R_3=6$〔Ω〕, $R_2=3$〔Ω〕, $\dot{E}_1=24$〔V〕, $\dot{E}_2=30$〔V〕

電気の公式

(1) **重ね合わせの理**
回路網中に二つ以上の起電力が同時に存在する回路の電流分布は，起電力がそれぞれ単独に存在している回路の電流分布を重ね合わせたもの（合成）に等しい．

(2) 適用例として，図aのような場合の電流は次式で求められる．（交流はベクトル和，直流は代数和）．

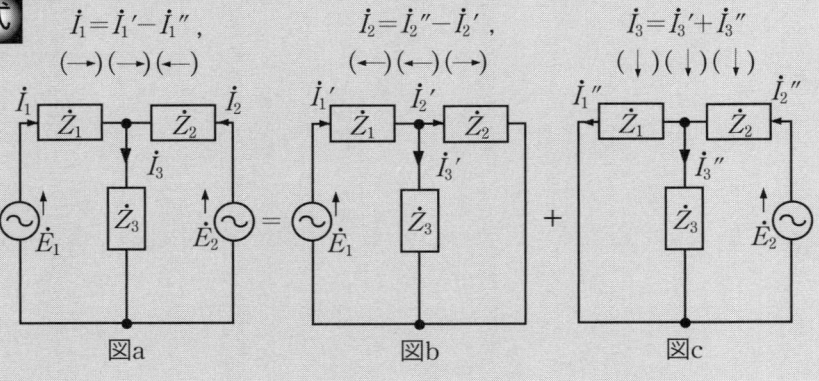

$$\dot{I}_1 = \dot{I}_1' - \dot{I}_1'' , \quad \dot{I}_2 = \dot{I}_2'' - \dot{I}_2' , \quad \dot{I}_3 = \dot{I}_3' + \dot{I}_3''$$
(→)(→)(←)　　　(←)(←)(→)　　　(↓)(↓)(↓)

図a　　　図b　　　図c

数学の知識

複素数の和と差

$\dot{A} = a_1 + ja_2$, $\dot{B} = b_1 + jb_2$ とするとき，

$\dot{A} + \dot{B} = (a_1 + ja_2) + (b_1 + jb_2) = (a_1 + b_1) + j(a_2 + b_2)$

$\dot{A} - \dot{B} = (a_1 + ja_2) - (b_1 + jb_2) = (a_1 - b_1) + j(a_2 - b_2)$

図形化

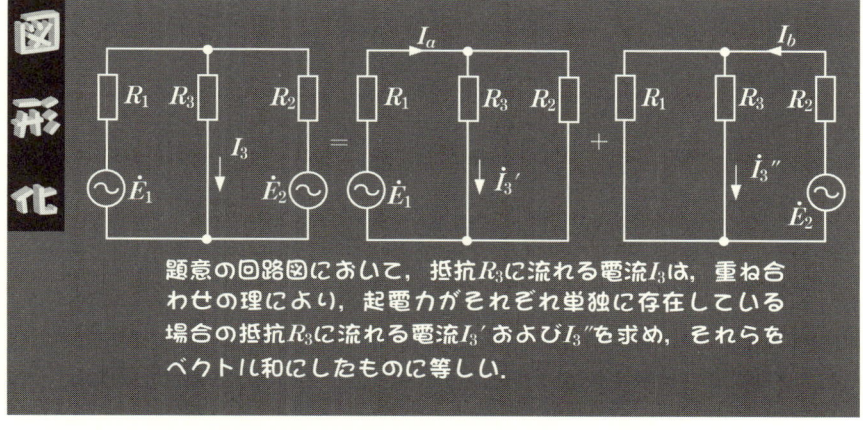

題意の回路図において、抵抗 R_3 に流れる電流 I_3 は、重ね合わせの理により、起電力がそれぞれ単独に存在している場合の抵抗 R_3 に流れる電流 I_3' および I_3'' を求め、それらをベクトル和にしたものに等しい．

●計算手順●

1 起電力 $\dot{E}_1$ のみが存在している回路で、電流 I_3' 〔A〕を求める．（抵抗のみの回路なので直流回路と同じ計算）

回路の合成抵抗　$R_a = R_1 + \dfrac{R_2 R_3}{R_2 + R_3} = 6 + \dfrac{6 \times 3}{6 + 3} = 8$ 〔Ω〕

回路電流　$I_a = \dfrac{E_1}{R_a} = \dfrac{24}{8} = 3$ 〔A〕

電流　$I_3' = \dfrac{R_2}{R_2 + R_3} I_a = \dfrac{3}{3+6} \times 3 = 1$ 〔A〕

2 起電力 E_2 のみが存在している回路で、電流 I_3'' 〔A〕を求める．

回路の合成抵抗　$R_b = R_2 + \dfrac{R_1 R_3}{R_1 + R_3} = 3 + \dfrac{6 \times 6}{6 + 6} = 6$ 〔Ω〕

回路電流　$I_b = \dfrac{E_2}{R_b} = \dfrac{30}{6} = 5$ 〔A〕

電流　$I_3'' = \dfrac{R_1}{R_1 + R_3} I_b = \dfrac{6}{6+6} \times 5 = 2.5$ 〔A〕

3 電流 I_3' と I_3'' を重ね合わせて、電流 I_3 〔A〕を求める．

$I_3 = I_3' + I_3'' = 1 + 2.5 = 3.5$ 〔A〕

●答● (3)

テーマ6 平行板コンデンサに関する計算

●問 題●

図のように，面積A，間隔dの平行な導体間に，誘電率がそれぞれε_1およびε_2なる2種の誘電体を挿入したときの静電容量Cを表す式として，正しいのは次のうちどれか．

(1) $C = \dfrac{A}{\dfrac{d-x}{\varepsilon_1} + \dfrac{x}{\varepsilon_2}}$

(2) $C = \dfrac{A}{\dfrac{\varepsilon_1}{d-x} + \dfrac{\varepsilon_2}{x}}$

(3) $C = \dfrac{A}{\dfrac{x}{\varepsilon_1} + \dfrac{d-x}{\varepsilon_2}}$

(4) $C = \dfrac{A}{\varepsilon_1(d-x) + \varepsilon_2 x}$

(5) $\dfrac{A}{\dfrac{\varepsilon_1}{x} + \dfrac{\varepsilon_2}{d-x}}$

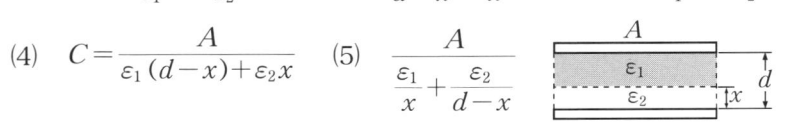

電気の公式

(1) 平行板コンデンサの静電容量

$$C = \dfrac{\varepsilon_0 \varepsilon_s A}{d} \text{ (F)}$$

A：電極面積〔m²〕，d：電極間距離〔m〕

ε_s：誘電体の比誘電率

ε_0：真空の誘電率（8.854×10^{-12}〔F/m〕）

(2) 平行板コンデンサの直列接続と並列接続

(a) 直列接続　　　　(b) 並列接続

誘電体2種類が直列にある場合　誘電体2種類が並列にある場合

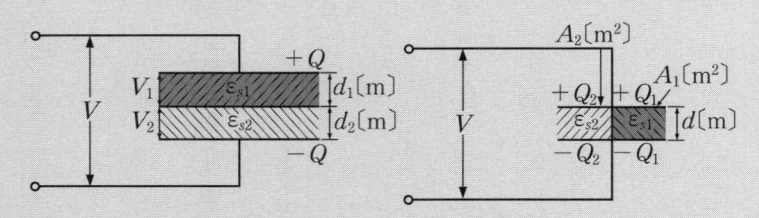

$$C = \dfrac{A}{\dfrac{d_1}{\varepsilon_0 \varepsilon_{s1}} + \dfrac{d_2}{\varepsilon_0 \varepsilon_{s2}}} \text{ (F)}$$

$$C = \dfrac{\varepsilon_0 \varepsilon_{s1} A_1}{d} + \dfrac{\varepsilon_0 \varepsilon_{s2} A_2}{d} \text{ (F)}$$

図形化

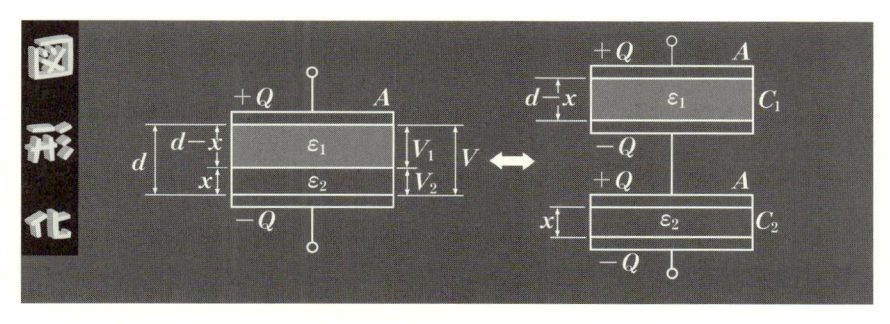

●計算手順●

1 各誘電体の静電容量を求める．

$$C_1 = \frac{\varepsilon_1 A}{d-x} \text{ (F)}, \quad C_2 = \frac{\varepsilon_2 A}{x} \text{ (F)}$$

2 平行板間の静電容量 C 〔F〕を求める．

平行板間の静電容量 C 〔F〕は，静電容量 C_1 〔F〕と C_2 〔F〕の直列接続の合成静電容量に等しい．

$$C = \frac{1}{\dfrac{1}{C_1}+\dfrac{1}{C_2}} = \frac{1}{\dfrac{d-x}{\varepsilon_1 A}+\dfrac{x}{\varepsilon_2 A}} = \frac{A}{\dfrac{d-x}{\varepsilon_1}+\dfrac{x}{\varepsilon_2}} \text{ (F)}$$

●答● (1)

次の公式を使っても求められる．

1 平行板間の電束密度 D，電界の強さ E の公式．

$$D = \frac{Q}{A} \text{ (C/m}^2\text{)}, \quad E = \frac{V}{d} \text{ (V/m)}$$

2 各誘電体内の電界の強さの公式．

$$E_1 = \frac{D}{\varepsilon_1} = \frac{Q}{\varepsilon_1 A} \text{ (V/m)}, \quad E_2 = \frac{D}{\varepsilon_2} = \frac{Q}{\varepsilon_2 A} \text{ (V/m)}$$

3 各誘電体両端の電圧の公式．

$$V_1 = E_1(d-x) = \frac{Q(d-x)}{\varepsilon_1 A} \text{ (V)}$$

$$V_2 = E_2 x = \frac{Qx}{\varepsilon_2 A} \text{ (V)}$$

テーマ7 コンデンサの接続に関する計算

●問題●

2個のコンデンサ C_1 および C_2 を図aのように直列接続して直流電圧 E で充電する．次に，これらのコンデンサを電源から切り離して，図bのように同じ極性の端子同士を並列接続すると，その端子電圧 V_0 〔V〕はいくらになるか．正しい値を次のうちから選べ．ただし，$C_1=2$ 〔μF〕，$C_2=3$ 〔μF〕，$E=100$ 〔V〕とする．

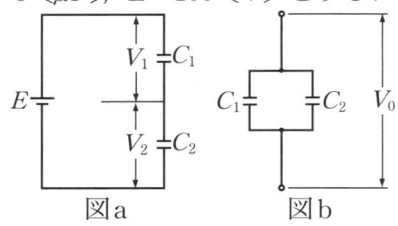

図a　　図b

(1) 24　(2) 36　(3) 48　(4) 60　(5) 72

電気の公式

(1) 直列接続

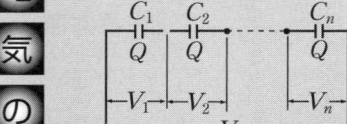

$$C=\cfrac{1}{\cfrac{1}{C_1}+\cfrac{1}{C_2}+\cdots+\cfrac{1}{C_n}} \text{〔F〕}$$

$$V=V_1+V_2+\cdots+V_n \text{〔V〕}$$

$$Q=C_1V_1=C_2V_2\cdots=C_nV_n \text{〔C〕}$$

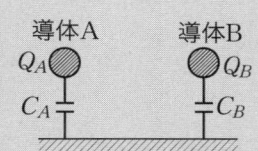

(2) 並列接続

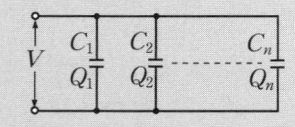

$$C=C_1+C_2+\cdots+C_n \text{〔F〕}$$

$$V=\frac{Q_1}{C_1}=\frac{Q_2}{C_2}=\cdots=\frac{Q_n}{C_n} \text{〔F〕}$$

$$Q=Q_1+Q_2+\cdots+Q_n \text{〔C〕}$$

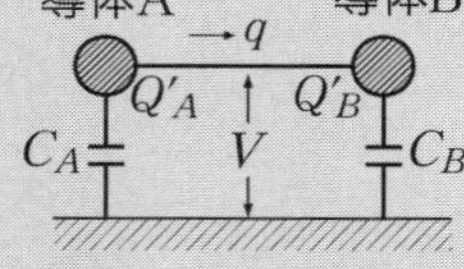

$Q'_A=Q_A-q$　$Q'_B=Q_B+q$

(3) 電荷保存の法則
$$Q_A + Q_B = Q_A' + Q_B' = C_A V + C_B V \ [\text{C}]$$

(4) 共通電位 $V = \dfrac{Q_A + Q_B}{C_A + C_B}$ [V]

(5) 移動電荷 $q = Q_A - Q_A' = Q_A - C_A V$
$\qquad\qquad\quad = Q_B' - Q_B = C_B V - Q_B$ [C]

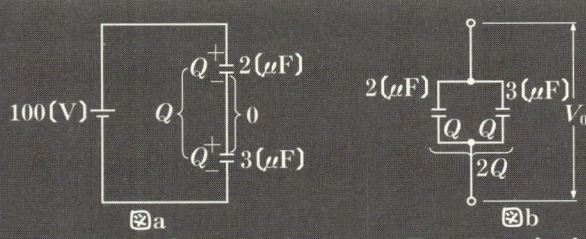

図形化

図a: 100 [V] 電源に $Q \; 2(\mu\text{F})$ と $Q \; 3(\mu\text{F})$ が直列接続

図b: $2(\mu\text{F})$ と $3(\mu\text{F})$ が並列接続、端子電圧 V_0、電荷 $2Q$

$2(\mu\text{F})$ と $3(\mu\text{F})$ のコンデンサには同量の電荷 $Q(\mu\text{C})$ の電荷が蓄えられ、直列合成静電容量にも同量の電荷 $Q(\mu\text{C})$ の電荷が蓄えられる。
100 [V] の電源から切り離し、$2(\mu\text{F})$ と $3(\mu\text{F})$ のコンデンサを並列接続すると、並列合成静電容量には $2Q(\mu\text{C})$ の電荷が蓄えられる。

●計算手順●

1 図aの回路の直列合成静電容量 C_a を求める。
$$C_a = \frac{C_1 C_2}{C_1 + C_2} = \frac{2 \times 3}{2 + 3} = 1.2 \ [\mu\text{F}]$$

2 直列合成静電容量に蓄えられる電荷 Q を求める。
$$Q = C_a E = 1.2 \times 100 = 120 \ [\mu\text{C}]$$

3 図bの回路の並列合成静電容量 C_b を求める。
$$C_b = 2 + 3 = 5 \ [\mu\text{F}]$$

4 図bの回路の端子電圧 V_0 を求める。
$$V_0 = \frac{2Q}{C_b} = \frac{2 \times 120}{5} = 48 \ [\text{V}]$$

●答● (3)

テーマ 8 磁気におけるクーロンの法則

●問 題●

真空中において，磁極の強さが+1〔Wb〕の二つの点磁極の間に働く力の大きさが$6.33×10^4$〔N〕であるとき，その点磁極間の距離〔m〕および作用する力の方向の組み合わせとして，正しいのは次のうちどれか．

(1) 0.5，反発方向 (2) 0.5，吸引方向 (3) 1，反発方向
(4) 1，吸引方向 (5) 1.5，反発方向

電気の公式

点磁極m_1〔Wb〕，m_2〔Wb〕が距離r〔m〕離れて置かれているとき，両磁極間には力（磁気力）が働く．

(a) 力の大きさは，両磁極の強さの相乗積に比例し，磁極間距離の2乗に反比例する．これをクーロンの法則という．

真空中（空気中）の場合　　　　磁性体の場合

$$F = \frac{m_1 m_2}{4\pi\mu_0 r^2} \qquad\qquad F = \frac{m_1 m_2}{4\pi\mu_0 \mu_s r^2}$$

$$= 6.33×10^4 \frac{m_1 m_2}{r^2} \text{〔N〕} \qquad = 6.33×10^4 \frac{m_1 m_2}{\mu_s r^2} \text{〔N〕}$$

μ_0：真空の透磁率（$\mu_0 = 4\pi×10^{-7}$〔H/m〕）

μ_s：磁性体の比透磁率

(b) 力の方向は，両磁極を結ぶ直線上にある．

m_1，m_2の極性が等しいときは反発力

m_1，m_2の極性が異なるときは吸引力

極性の等しい磁極間に働く　　　極性の異なる磁極間に働く
磁気力（反発力）　　　　　　　磁気力（吸引力）

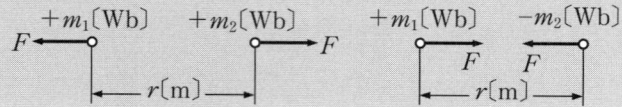

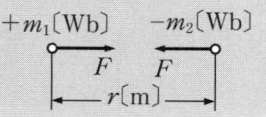

図形化

+m₁(Wb) ········ +m₂(Wb)
F(N) ←――r(m)――→ F(N)

本問の場合，
+m₁ = +1(Wb)
+m₂ = +1(Wb)
F = 6.33×10⁴(N)

m₁, m₂が1(Wb)で，F=6.33×10⁴(N)であればr=1(m)

●計算手順●

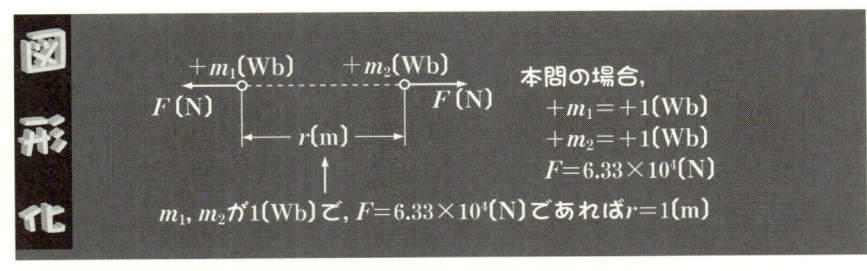

▶1 点磁極間に働く力 F 〔N〕と距離 r 〔m〕の関係を式に表す．
磁気に関するクーロンの法則により，

$$F = \frac{m_1 m_2}{4\pi\mu_0 r^2} = 6.33 \times 10^4 \times \frac{m_1 m_2}{r^2} \text{ 〔N〕}$$

▶2 点磁極間の距離 r 〔m〕を求める．
上式を変形して，

$$r^2 = 6.33 \times 10^4 \times \frac{m_1 m_2}{F}$$

$$r = \sqrt{6.33 \times 10^4 \times \frac{m_1 m_2}{F}}$$

$$= \sqrt{6.33 \times 10^4 \times \frac{1 \times 1}{6.33 \times 10^4}}$$

$$= 1 \text{ 〔m〕}$$

▶3 点磁極間に作用する力の方向を求める．
二つの磁極間に働く力の方向は，両磁極を結ぶ直線上にあり，本問の場合，二つの点磁極は極性が等しい（正極）ので，反発力が働く．

●答● (3)

テーマ 9 磁気回路におけるオームの法則

●問 題●

図のような磁路長およびギャップ長が，それぞれ$l_1=100$〔cm〕，$l_2=10$〔cm〕，断面積および比透磁率が，それぞれ$S=200$〔cm²〕，$\mu_s=2\,000$の環状鉄心に巻かれたソレノイド（巻数$N=5\,000$）に，電流$I=8$〔A〕を流したとき，鉄心内に生じる磁束Φ〔Wb〕の値として，正しいのは次のうちどれか．ただし，ギャップ部における磁束の広がりはないものとし，また真空の透磁率を$4\pi\times10^{-7}$〔H/m〕とする．

(1) 10
(2) 1
(3) 0.1
(4) 0.01
(5) 0.001

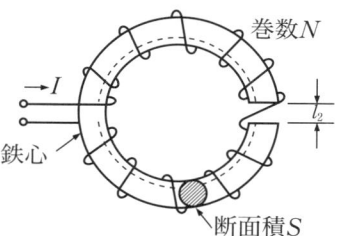

電気の公式

磁気回路と電気回路の対応

磁気回路

起磁力 $F=NI$〔A〕

磁束 Φ〔Wb〕

磁気抵抗

$$R=\frac{l}{\mu S}\ \text{〔A/Wb〕}$$

または〔H⁻¹〕

透磁率 μ〔H/m〕

磁気回路のオームの法則

$$\Phi=\frac{F}{R}\ \text{〔Wb〕}$$

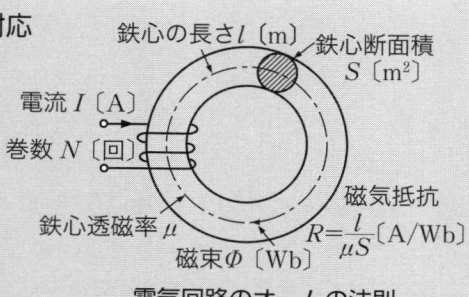

電気回路のオームの法則

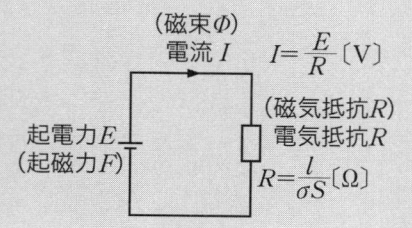

磁気抵抗 $R=\dfrac{l}{\mu S}$〔A/Wb〕

電流 $I=\dfrac{E}{R}$〔V〕

電気抵抗 R

$R=\dfrac{l}{\sigma S}$〔Ω〕

図形化

$$R_1 = \frac{l_1}{\mu_0 \mu_s S}$$

$$F = NI$$

$$R_2 = \frac{l_2}{\mu_0 S}$$

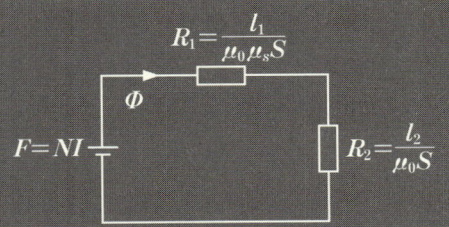

F：起磁力〔A〕, R_1：鉄心の磁気抵抗〔A/Wb〕
R_2：ギャップ部の磁気抵抗〔A/Wb〕

●計算手順●

1 磁気抵抗を求める．（図形化参照）

(a) 鉄心の磁気抵抗R_1〔A/Wb〕を求める．

$$R_1 = \frac{l_1}{\mu_0 \mu_s S} = \frac{1}{4\pi \times 10^{-7} \times 2\,000 \times 200 \times 10^{-4}}$$
$$= 2 \times 10^4 \text{〔A/Wb〕}$$

(b) ギャップ部の磁気抵抗R_2〔A/Wb〕を求める．

$$R_2 = \frac{l_2}{\mu_0 S} = \frac{0.1}{4\pi \times 10^{-7} \times 200 \times 10^{-4}}$$
$$= 398 \times 10^4 \text{〔A/Wb〕}$$

(c) 合成磁気抵抗R_0〔A/Wb〕を求める．

$$R_0 = R_1 + R_2 = 2 \times 10^4 + 398 \times 10^4$$
$$= 400 \times 10^4 = 4 \times 10^6 \text{〔A/Wb〕}$$

2 磁気回路の起磁力F〔A〕を求める．

$$F = NI = 5\,000 \times 8 = 4 \times 10^4 \text{〔A〕}$$

3 磁気回路に生じる磁束（鉄心内に生じる磁束）Φを磁気に関するオームの法則より求める．

$$\Phi = \frac{F}{R_0} = \frac{4 \times 10^4}{4 \times 10^6} = 0.01 \text{〔Wb〕}$$

●答● (4)

テーマ10 フレミングの右手の法則に関する計算

●問 題●

図において，磁束密度$B=0.16$〔T〕，磁束を切っているコイルの一辺の長さ$l=0.2$〔m〕，コイルの平均幅$d=0.1$〔m〕，コイルの巻数$n=100$，コイルの回転数$N=3\,000$〔min^{-1}〕とすれば，コイルに誘起される起電力の最大値E_m〔V〕として，正しいのは次のうちどれか．

(1) 10
(2) 100
(3) 86.6
(4) 173
(5) 141

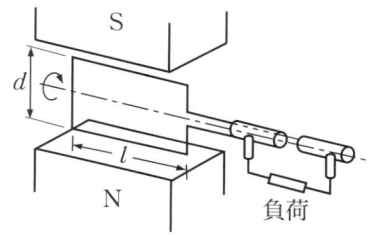

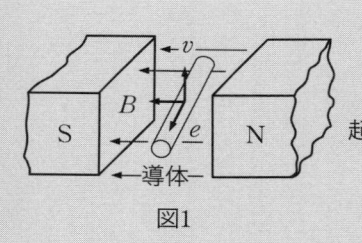

電気の公式

$e = Blv \sin \theta$ 〔V〕

B：磁束密度〔T〕，　　　　l：導体の長さ〔m〕
v：導体の密度〔m/s〕　　θ：導体と磁界のなす角度

数学の知識

三角比

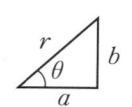

$\sin \theta = \dfrac{b}{r}$　$\sin 0° = 0$　$\sin 30° = \dfrac{1}{2}$

$\sin 45° = \dfrac{1}{\sqrt{2}}$　$\sin 60° = \dfrac{\sqrt{3}}{2}$

$\sin 90° = 1$

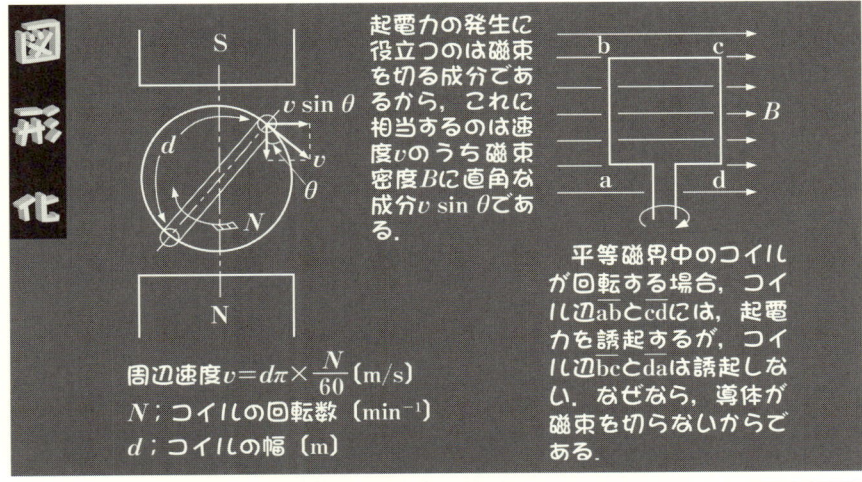

| 図形化 | 起電力の発生に役立つのは磁束を切る成分であるから，これに相当するのは速度 v のうち磁束密度 B に直角な成分 $v\sin\theta$ である． | 平等磁界中のコイルが回転する場合，コイル辺abとcdには，起電力を誘起するが，コイル辺bcとdaは誘起しない．なぜなら，導体が磁束を切らないからである． |

周辺速度 $v = d\pi \times \dfrac{N}{60}$ (m/s)
N；コイルの回転数 (min^{-1})
d；コイルの幅 (m)

●計算手順●

▶1 コイルの周辺速度 v (m/s) を求める．

$$v = d\frac{\pi N}{60} = 0.1 \times \frac{\pi \times 3\,000}{60} = 15.7 \text{ (m/s)}$$

▶2 コイル全体に誘起される起電力 E (V) を求める．（図形化参照）

$E = 2nBlv \sin\theta$
  $= 2 \times 100 \times 0.16 \times 0.2 \times 15.7 \times \sin\theta$
  $\fallingdotseq 100 \sin\theta$ (V)

θ：v と B とのなす角度，n：コイルの巻数

▶3 コイルに誘起される起電力の最大値 E_m (V) を求める．

誘起される起電力が最大となるのは，v と B との間の角度が90°のときである．

∴ $E_m = 100 \sin 90° = 100$ (V)

●答● (2)

テーマ11 電磁力とトルクに関する計算

●問 題●

大気中の平等磁界の中に，巻数26の長方形コイルが，コイルの軸と磁界が直角になるように置かれている．コイル辺は21〔cm〕で，幅は10〔cm〕，またコイル面と磁界とは30度の角度をなしている．このコイルに電流34〔A〕を通じたときに生じるトルク T〔N・m〕として，正しいのは次のうちどれか．ただし，磁界の強さは$5×10^3$〔A/m〕，空気の透磁率μ_0は$4\pi×10^{-7}$〔H/m〕とする．

(1) 0.05　(2) 0.101　(3) 0.141　(4) 0.173　(5) 0.202

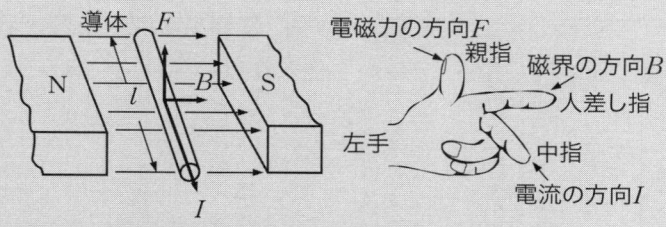

電気の公式

(1) 導体に働く電磁力：$F = BIl \sin \theta$〔N〕

θ：導体と磁界のなす角度，N：コイルの巻数〔回〕
B：磁束密度〔T〕，I：電流〔A〕，l：導体の長さ〔m〕

(2) 長方形コイルに働く力

$F = NBIl$〔N〕　　　　　　（∵ $\sin 90°=1$）

(3) 長方形コイルに働くトルク

$$T = F \times \frac{d}{2} \cos \varphi \times 2 = Fd \cos \varphi \text{〔N・m〕}$$

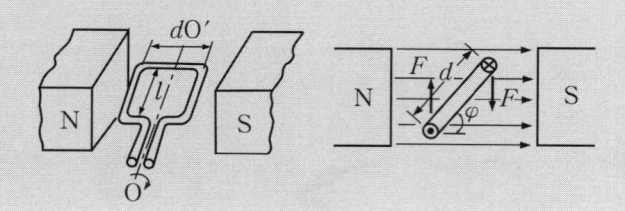

図形化

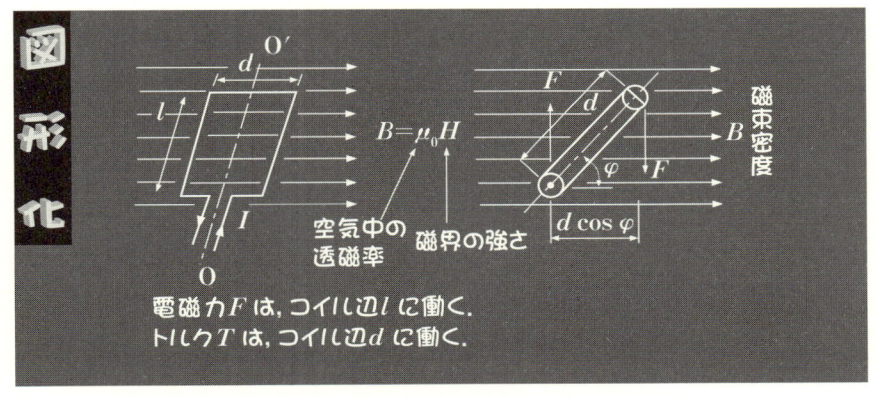

電磁力 F は，コイル辺 l に働く．
トルク T は，コイル辺 d に働く．

━━━━●計算手順●━━━━

1. 磁束密度 B 〔T〕を求める．

    $B = \mu_0 H$
    $ = 4\pi \times 10^{-7} \times 5 \times 10^3$
    $ = 2\pi \times 10^{-3}$ 〔T〕

2. 巻数 N の長方形コイルに働く電磁力 F 〔N〕を求める．

    $F = NBIl$
    $ = 26 \times 2\pi \times 10^{-3} \times 34 \times 0.21$
    $ \fallingdotseq 1.166$ 〔N〕

3. 長方形コイルに働くトルク T 〔N・m〕を求める．（図形化参照）

    $T = Fd \cos\varphi$
    $ = 1.166 \times 0.1 \cos 30°$
    $ = 1.166 \times 0.1 \times \dfrac{\sqrt{3}}{2}$
    $ = 0.101$ 〔N・m〕

●答● (2)

テーマ12 円形コイルの中心磁界に関する計算

●問　題●

同一方向に巻いたA, B 2個の円形コイルがある．Aは巻数5，半径0.5〔m〕，Bは巻数10，半径1〔m〕である．A, Bの中心を重ねて各コイルに直流の電流を互いに反対となる方向に通し，コイルの中心の磁界の強さが0となるとき，A, Bのコイルの電流の比（I_A/I_B）の値として，正しいのは次のうちどれか．

(1) $\dfrac{1}{9}$　(2) $\dfrac{1}{3}$　(3) 1　(4) 3　(5) 9

電気の公式

(1) アンペアの右ねじの法則
  (a) 直線導体に電流Iが流れた場合，その周囲に発生する磁界Hの方向は，右ねじが回転する方向である．
  (b) 円形導体に電流Iが流れた場合，その内部に発生する磁界Hの方向は，右ねじの進む方向である．

(2) ビオ・サバールの法則の応用（円形コイルの中心磁界）

$$H = \dfrac{NI}{2a} \text{〔A/m〕}$$

　a：円形コイルの半径〔m〕
　N：円形コイルの巻数〔回〕

(3) アンペアの周回積分の法則の応用
  (a) 直線状電流による磁界の強さ

$$H = \dfrac{NI}{2\pi r} \text{〔A/m〕}$$

  (b) 環状ソレノイド内部磁界

$$H = \dfrac{NI}{l} = \dfrac{NI}{2\pi r} \text{〔A/m〕}$$

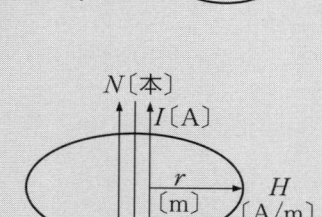

図形化

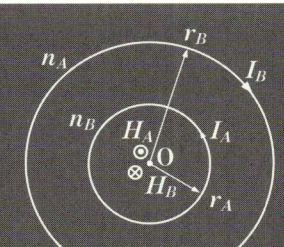

I_A：円形コイルAに流れる電流〔A〕
I_B：円形コイルBに流れる電流〔A〕
n_A：円形コイルAの巻数〔回〕
n_B：円形コイルBの巻数〔回〕
r_A：円形コイルAの半径〔m〕
r_B：円形コイルBの半径〔m〕

円形コイルAとBには，互いに反対方向の電流が流れているので，両円形コイルの中心点に生じる磁界の方向は反対方向となる．

●計算手順●

1. 各円形コイルにより，中心点に生じる磁界の強さ〔A/m〕をビオ・サバールの法則の応用公式より求める．（図形化参照）

円形コイルA

$$H_A = \frac{n_A I_A}{2r_A} = \frac{5I_A}{2 \times 0.5} = 5I_A \text{〔A/m〕}$$

円形コイルB

$$H_B = \frac{n_B I_B}{2r_B} = \frac{10I_B}{2 \times 1} = 5I_B \text{〔A/m〕}$$

2. 中心点の合成磁界の強さ $H_O=0$ である．

$$H_O = H_A - H_B = 5I_A - 5I_B = 0$$

∴ $I_B = I_A$

3. A，Bのコイルの電流の比 (I_A/I_B) の値を求める．

$$\frac{I_B}{I_A} = 1$$

●答● (3)

テーマ13 相互インダクタンスに関する計算

●問 題●

図のような磁路の平均長 l〔m〕，鉄心の断面積を S〔m²〕，透磁率を μ〔H/m〕とする．磁束の漏れはないものとするとき，一次コイルと二次コイルの間の相互インダクタンス〔H〕はいくらか．正しい値を次のうちから選べ．

(1) $\dfrac{\mu S\sqrt{N_1 N_2}}{l}$ (2) $\dfrac{\mu N_1 N_2}{lS}$

(3) $\dfrac{\mu S N_1 N_2}{l}$ (4) $\dfrac{\mu S N_1{}^2 N_2{}^2}{l}$

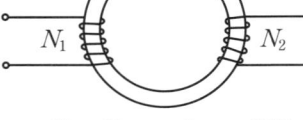

(5) $\dfrac{\mu l N_1 N_2}{S}$

N_1, N_1：コイルの巻数

電気の公式

(1) 自己誘導作用による起電力と自己インダクタンス

$$e = N\dfrac{\Delta\phi}{\Delta t} = L\dfrac{\Delta I}{\Delta t} \text{〔V〕}, \quad L = \dfrac{N\phi}{I} \text{〔H〕}$$

$\Delta\phi$：Δt 秒間における磁束変化

ΔI：Δt 秒間における電流変化

N：コイルの巻回数，L：自己インダクタンス〔H〕

(2) 相互誘導作用による起電力と相互インダクタンス

$$e_2 = N_2\dfrac{\Delta\phi_2}{\Delta t} = M\dfrac{\Delta I_1}{\Delta t} \text{〔V〕}, \quad M = \dfrac{N_2\phi_2}{I_1} \text{〔H〕}$$

N_2：二次コイルの巻回数

ΔI_1：一次コイルの Δt 秒間における電流変化

$\Delta\phi_2$：二次コイルと鎖交する磁束変化

e_2：相互誘導作用によって二次コイルに生じる起電力

M：相互インダクタンス

(3) 結合係数 $k = \dfrac{M}{\sqrt{L_1 L_2}}$

図形化

一次コイル、二次コイルの自己インダクタンス

磁路の断面積 S (m²)
磁路の長さ l (m)
一次コイル N_1
二次コイル N_2

$$L_1 = \frac{\mu S N_1^2}{l} \text{ (H)}$$

$$L_2 = \frac{\mu S N_2^2}{l} \text{ (H)}$$

相互インダクタンス
$$M = k\sqrt{L_1 L_2} \text{ (H)}$$
(k；結合係数)

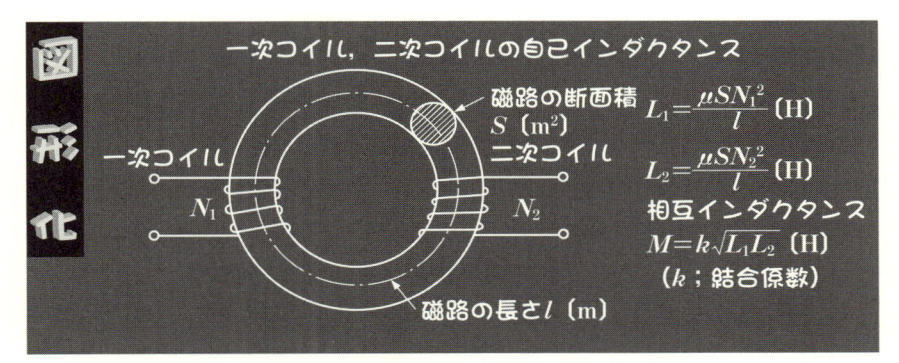

●計算手順●

▷1 磁気抵抗 R、起磁力 F、磁束 ϕ を求める．

$$R = \frac{l}{\mu S} \text{ (A/Wb)}, \quad F = NI \text{ (A)}$$

$$\Phi = \frac{F}{R} = \frac{NI}{\frac{l}{\mu S}} = \frac{\mu S NI}{l} \text{ (Wb)}$$

▷2 環状ソレノイドの自己インダクタンスの公式

$$L = \frac{N\Phi}{I} = \frac{N}{I} \cdot \frac{\mu SNI}{l} = \frac{\mu S N^2}{l} \text{ (H)}$$

▷3 一次および二次コイルの自己インダクタンス L_1 (H) および L_2 (H) を求める．（図形化参照）

一次コイルの自己インダクタンス $\quad L_1 = \frac{\mu S N_1^2}{l}$ (H)

二次コイルの自己インダクタンス $\quad L_2 = \frac{\mu S N_2^2}{l}$ (H)

▷4 一次コイルと二次コイルの相互インダクタンス M (H) を求める．
漏れ磁束がないときは結合係数 $k=1$．

$$M = k\sqrt{L_1 L_2} = \sqrt{\frac{\mu S N_1^2}{l} \cdot \frac{\mu S N_2^2}{l}} = \frac{\mu S N_1 N_2}{l} \text{ (H)}$$

●答● (3)

テーマ14 正弦波交流の位相角に関する計算

●問　題●

$e = \sqrt{2}E \sin\left(\omega t + \dfrac{\pi}{4}\right)$ と $i = -\sqrt{2}I \cos\left(\omega t + \dfrac{\pi}{6}\right)$ との位相差として，正しいのは次のうちどれか．

(1) i の位相が e の位相より $\dfrac{1}{12}\pi$ 〔rad〕遅れている．

(2) i の位相が e の位相より $\dfrac{1}{12}\pi$ 〔rad〕進んでいる．

(3) i の位相が e の位相より $\dfrac{5}{12}\pi$ 〔rad〕遅れている．

(4) i の位相が e の位相より $\dfrac{7}{12}\pi$ 〔rad〕進んでいる．

(5) i の位相が e の位相より $\dfrac{7}{12}\pi$ 〔rad〕遅れている．

電気の公式

(1) **瞬時値とベクトルの関係**

　正弦波電流は一般に $i = I_m \sin(\omega t + \theta)$ で示される．この正弦波曲線は図のように，一定の角速度 ω 〔rad/s〕で反時計方向に回転させた回転ベクトルによって導くことができる．

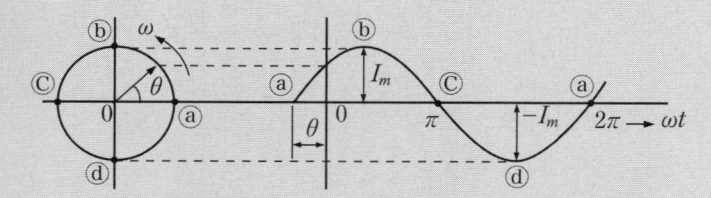

ⓐ点……電流 i の値　　0
ⓑ点……電流 i の値　　最大値 I_m
ⓒ点……電流 i の値　　0
ⓓ点……電流 i の値　　最小値 $-I_m$
ⓐ点……電流 i の値　　0（もとに戻る）

以下，このサイクルを繰り返す．

(2) 位相角の関係

正弦波電流を①，②，③の点から同一角速度で回転．

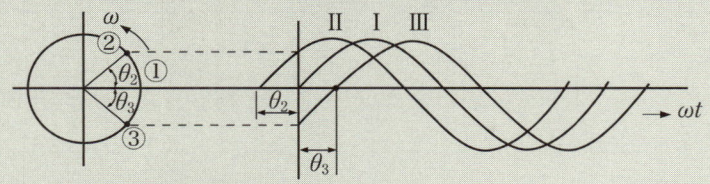

① 正弦波電流曲線 I　　　$i_1 = I_m \sin \omega t$
② 正弦波電流曲線 II　　$i_2 = I_m \sin(\omega t + \theta_2)$　…進み
③ 正弦波電流曲線III　　$i_3 = I_m \sin(\omega t - \theta_3)$　…遅れ

この場合，電流i_2は電流i_1よりθ_2だけ位相が進み，電流i_3は電流i_1よりθ_3だけ位相が遅れている．

数学の公式

三角関数の加法定理

$\sin(\alpha \pm \beta) = \sin \alpha \cos \beta \pm \cos \alpha \sin \beta$ （複号同順）

$\cos(\alpha \pm \beta) = \cos \alpha \cos \beta \mp \sin \alpha \sin \beta$ （複号同順）

	$-\theta$	$\dfrac{\pi}{2} \pm \theta$	$\pi \pm \theta$
sin	$-\cos \theta$	$+\cos \theta$	$\mp \sin \theta$
cos	$+\cos \theta$	$\mp \sin \theta$	$-\cos \theta$
tan	$-\tan \theta$	$\mp \cot \theta$	$\pm \tan \theta$

ただし，$0 \leq \theta \leq \dfrac{\pi}{2}$

●計算手順●

▷1 三角関数の加法定理を応用する．
$$-\cos \theta = \sin\left(\theta - \dfrac{\pi}{2}\right)$$

▷2 ①に結果を用いて，iの$\cos$を$\sin$で表現する．
$$i = -\sqrt{2}I \cos\left(\omega t + \dfrac{\pi}{6}\right) = \sqrt{2}I \sin\left\{\left(\omega t + \dfrac{\pi}{6}\right) - \dfrac{\pi}{2}\right\}$$
$$= \sqrt{2}I \sin\left(\omega t - \dfrac{\pi}{3}\right)$$

▷3 iの位相角からeの位相を差し引いて位相差φを求める．
$$\varphi = -\dfrac{\pi}{3} - \dfrac{\pi}{4} = -\dfrac{7}{12}\pi < 0$$

"iの位相がeの位相より$\dfrac{7}{12}\pi$〔rad〕遅れている"　　●答●　(5)

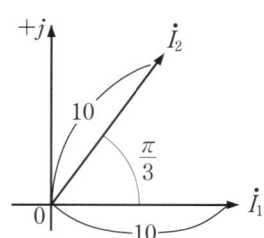

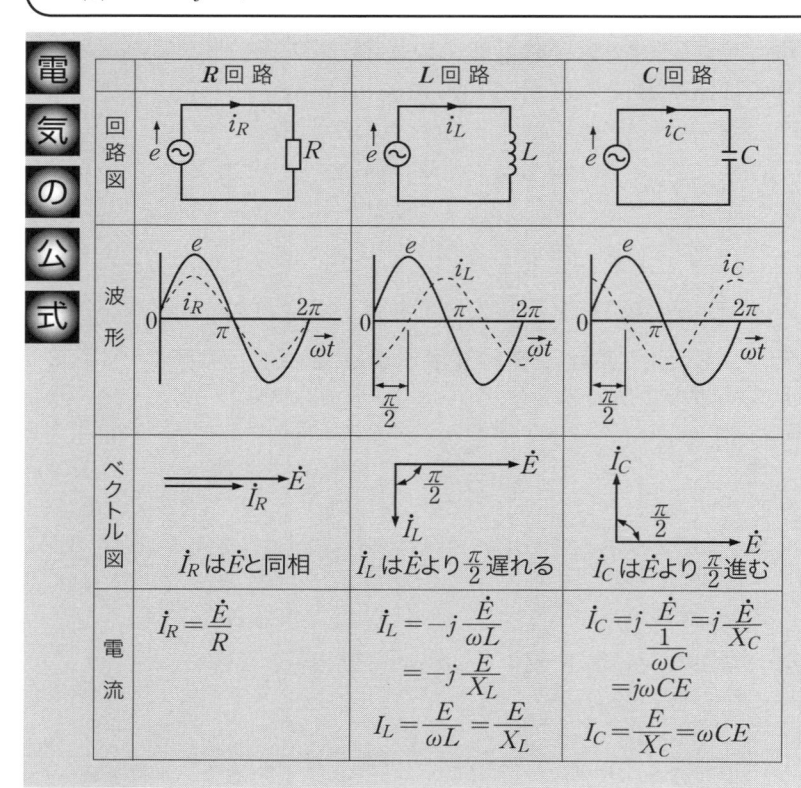

テーマ15 正弦波交流のベクトル表示の計算

●問 題●

電流ベクトル $\dot{I}_1$, $\dot{I}_2$ が図のように表されるとき，$\dot{I}_1$ と $\dot{I}_2$ の合成電流 $\dot{I}$ を表す式として，正しいのは次のうちどれか．ただし，$\dot{I}_1$ を基準ベクトルとする．

(1) $5 + j5\sqrt{3}$
(2) $5 + j10\sqrt{3}$
(3) $10 + j5\sqrt{3}$
(4) $15 + j5\sqrt{3}$
(5) $15 + j10\sqrt{3}$

電気の公式

	R 回路	L 回路	C 回路
回路図			
波形			
ベクトル図	$\dot{I}_R$ は $\dot{E}$ と同相	$\dot{I}_L$ は $\dot{E}$ より $\frac{\pi}{2}$ 遅れる	$\dot{I}_C$ は $\dot{E}$ より $\frac{\pi}{2}$ 進む
電流	$\dot{I}_R = \dfrac{\dot{E}}{R}$	$\dot{I}_L = -j\dfrac{\dot{E}}{\omega L}$ $= -j\dfrac{\dot{E}}{X_L}$ $I_L = \dfrac{E}{\omega L} = \dfrac{E}{X_L}$	$\dot{I}_C = j\dfrac{\dot{E}}{\dfrac{1}{\omega C}} = j\dfrac{\dot{E}}{X_C}$ $= j\omega C \dot{E}$ $I_C = \dfrac{E}{X_C} = \omega C E$

数学の公式
四つのベクトル表示法
直交座標表示：$\dot{A}=a+jb$
三角関数表示：$\dot{A}=A(\cos\theta\pm j\sin\theta)$
指数関数表示：$\dot{A}=A\varepsilon^{\pm j\theta}$
極座標表示：$\dot{A}=A\angle\pm\theta$

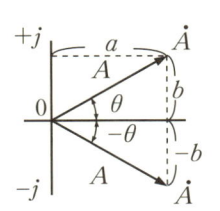

ただし，$A=\sqrt{a^2+b^2}$, $a=A\cos\theta$
$b=A\sin\theta$
$\theta=\tan^{-1}\dfrac{b}{a}$

ベクトル図

図形化

$\dot{I}=10\sqrt{3}\angle\dfrac{\pi}{6}$

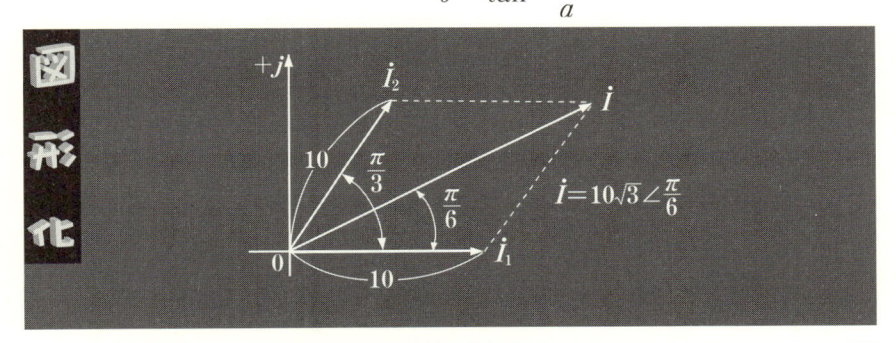

●計算手順●

1 電流ベクトル $\dot{I}_1$, $\dot{I}_2$ を三角関数表示で表す．

$$\dot{I}_1=10(\cos 0+j\sin 0)=10〔\mathrm{A}〕$$

$$\dot{I}_2=10\left(\cos\dfrac{\pi}{3}+j\sin\dfrac{\pi}{3}\right)$$

$$=10\left(\dfrac{1}{2}+j\dfrac{\sqrt{3}}{2}\right)=5+j5\sqrt{3}〔\mathrm{A}〕$$

2 直交座標表示（複素数）により合成電流 $\dot{I}$ を求める．

$$\dot{I}=\dot{I}_1+\dot{I}_2$$
$$=10+5+j5\sqrt{3}=15+j5\sqrt{3}〔\mathrm{A}〕$$

●答● (4)

テーマ16 *RLC*並列回路の合成電流の計算

●問　題●

　*RLC*並列回路に交流電圧を加えたとき，*R*，*L*および*C*に流れる電流は，それぞれ図に示すとおりであった．この回路の合成電流*I*〔A〕として，正しいのは次のうちどれか．

(1) 11　(2) 13
(3) 15　(4) 17
(5) 19

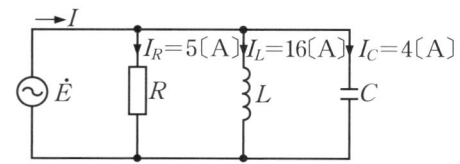

電気の公式

(1) *RLC*直列回路

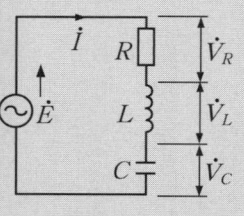

$$\dot{E} = \dot{V}_R + (\dot{V}_L - \dot{V}_C) = \left\{R + j\left(\omega L - \frac{1}{\omega C}\right)\right\}\dot{I} \text{〔V〕}$$

$$E = \sqrt{V_R^2 + (V_L - V_C)^2} \text{〔V〕}$$

ただし，$V_L > V_C$

(2) *RLC*並列回路

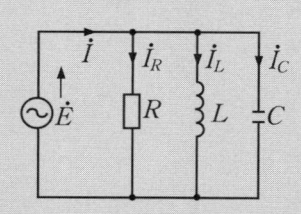

$$\dot{I} = \dot{I}_R + (\dot{I}_C - \dot{I}_L) = \left\{\frac{1}{R} + j\left(\omega C - \frac{1}{\omega L}\right)\right\}\dot{E} \text{〔A〕}$$

$$I = \sqrt{I_R^2 + (I_C - I_L)^2} \text{〔A〕}$$

ただし，$I_C > I_L$

数学の公式

ピタゴラスの定理（三平方の定理）

直角三角形の各辺の長さには，次のような関係がある．

$a^2 = b^2 + c^2$

$a = \sqrt{b^2 + c^2}$

$\theta = \tan^{-1} \dfrac{c}{b}$

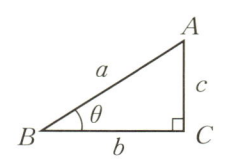

図形化

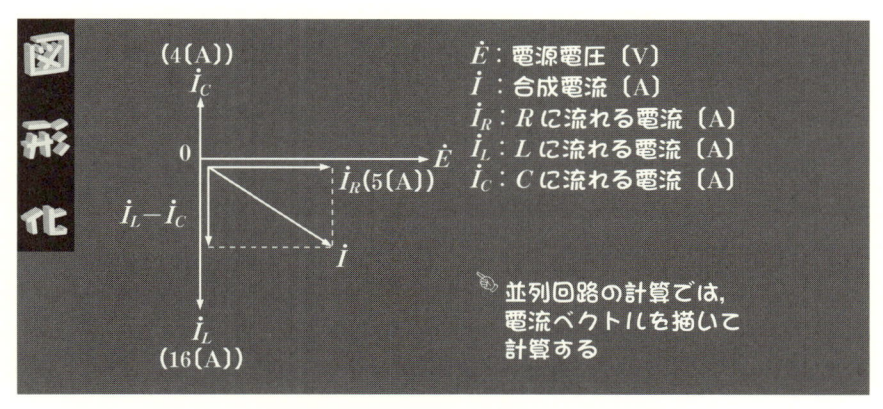

(4 (A)) $\dot{I}_C$

0　$\dot{I}_R$ (5 (A))　$\dot{E}$

$\dot{I}_L - \dot{I}_C$

$\dot{I}$

$\dot{I}_L$ (16 (A))

$\dot{E}$：電源電圧〔V〕
$\dot{I}$：合成電流〔A〕
$\dot{I}_R$：Rに流れる電流〔A〕
$\dot{I}_L$：Lに流れる電流〔A〕
$\dot{I}_C$：Cに流れる電流〔A〕

並列回路の計算では，電流ベクトルを描いて計算する

●計算手順●

1 電圧 $\dot{E}$ と電流 $\dot{I}_R$, $\dot{I}_L$, $\dot{I}_C$ の位相差を求める．

電圧 $\dot{E}$ を基準ベクトルとする．

電流 $\dot{I}_R$ は，電圧 $\dot{E}$ と同相である．

電流 $\dot{I}_L$ は，電圧 $\dot{E}$ より $\dfrac{\pi}{2}$ 遅れる．

電流 $\dot{I}_C$ は，電圧 $\dot{E}$ より $\dfrac{\pi}{2}$ 進む．

2 この回路の合成電流 I〔A〕を求める．（図形化のベクトル図から，ピタゴラスの定理で求める．）

$I = \sqrt{I_R^2 + (I_L - I_C)^2} = \sqrt{5^2 + (16-4)^2} = \sqrt{169}$
$= 13$〔A〕

●答● (2)

テーマ17 直列・並列等価回路に関する計算

●問　題●

図のような抵抗 R〔Ω〕とインダクタンス L〔H〕の並列回路に，周波数 f〔Hz〕の電圧を加えた場合の実効抵抗 R_0〔Ω〕を表す式として，正しいのは次のうちどれか．

(1) $\dfrac{\omega^2 L^2 R}{R^2 + \omega^2 L^2}$　　(2) $\dfrac{\omega^2 L^2 R}{R^2 - \omega^2 L^2}$

(3) $\dfrac{\omega L R^2}{R^2 + \omega^2 L^2}$　　(4) $\dfrac{\omega L R^2}{R^2 - \omega^2 L^2}$　　(5) $\dfrac{\omega^2 L R}{R^2 + \omega^2 L^2}$

電気の公式

(1) 実効インピーダンス

$$\dot{Z}_0 = \frac{R \times jX}{R + jX}$$

$$= \frac{jXR(R - jX)}{(R + jX)(R - jX)} \quad \leftarrow 共役複素数$$

$$= \frac{RX^2}{R^2 + X^2} + j\frac{R^2 X}{R^2 + X^2} = R_0 + jX_0 \text{〔Ω〕}$$

実効インピーダンス　$\dot{Z}_0 = R_0 + jX_0$〔Ω〕

実効抵抗　$R_0 = \dfrac{RX^2}{R^2 + X^2}$〔Ω〕

実効リアクタンス　$X_0 = \dfrac{R^2 X}{R^2 + X^2}$〔Ω〕

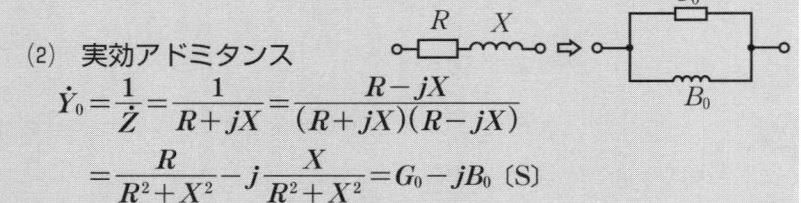

(2) 実効アドミタンス

$$\dot{Y}_0 = \frac{1}{\dot{Z}} = \frac{1}{R + jX} = \frac{R - jX}{(R + jX)(R - jX)}$$

$$= \frac{R}{R^2 + X^2} - j\frac{X}{R^2 + X^2} = G_0 - jB_0 \text{〔S〕}$$

実効アドミタンス　$\dot{Y}_0 = G_0 - jB_0$〔S〕

実効コンダクタンス　$G_0 = \dfrac{R}{R^2 + X^2}$〔S〕

実効サセプタンス　$B_0 = \dfrac{X}{R^2 + X^2}$〔S〕

数学の公式

複素数の有理化　分子分母に共役複素数をかける．

$$j=\sqrt{-1},\quad j^2=-1,\quad j^3=-j,\quad j^4=1$$
$$(+j)(+j)=-1,\quad (+j)(-j)=1,\quad (-j)(-j)=-1$$
$$\frac{a+jb}{c+jd}=\frac{a+jb}{c+jd}\cdot\frac{c-jd}{c-jd}=\frac{ac+bd}{c^2+d^2}+j\frac{bc+ad}{c^2+d^2}$$

図形化

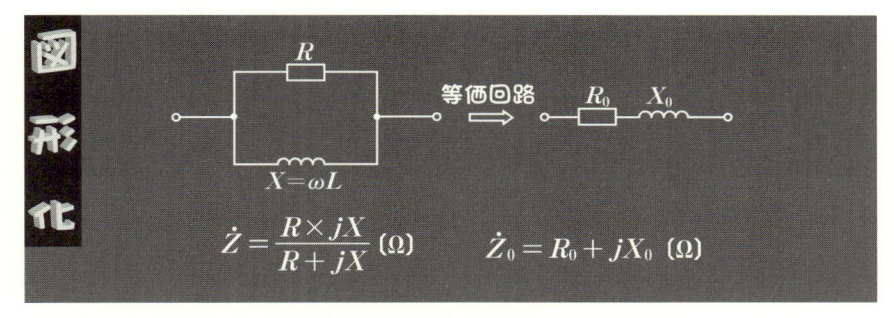

$$\dot{Z}=\frac{R\times jX}{R+jX}\ [\Omega] \qquad \dot{Z}_0=R_0+jX_0\ [\Omega]$$

（$X=\omega L$）

●計算手順●

1 回路のインピーダンス $\dot{Z}$ 〔Ω〕を求める．（図形化参照）

$$\dot{Z}=\frac{R(j\omega L)}{R+j\omega L}=\frac{j\omega LR}{R+j\omega L}$$
$$=\frac{j\omega LR(R-j\omega L)}{(R+j\omega L)(R-j\omega L)}=\frac{\omega^2 L^2 R+j\omega LR^2}{R^2+\omega^2 L^2}$$
$$=\frac{\omega^2 L^2 R}{R^2+\omega^2 L^2}+j\frac{\omega LR^2}{R^2+\omega^2 L^2}$$

2 実効抵抗 R_0 〔Ω〕を求める．

$$R_0=\frac{\omega^2 L^2 R}{R^2+\omega^2 L^2}$$

●答●　(1)

（備考）

なお，本問において，実効リアクタンス X_0 〔Ω〕，実効インピーダンス $\dot{Z}_0$ 〔Ω〕を求めると，次式のようになる．

$$X_0=\frac{\omega LR^2}{R^2+\omega^2 L^2}\ [\Omega] \qquad \dot{Z}_0=R_0+jX_0\ [\Omega]$$

テーマ18 最大電流・最大電力に関する計算

●問題●

図のような回路において，周波数60〔Hz〕の正弦波交流電圧 $\dot{E}=100$〔V〕を印加するとき，インダクタンス L〔H〕を調整して回路に流れる電流を最大にする．このときの電流値〔A〕として，正しいのは次のうちどれか．ただし，$R=100$〔Ω〕，$C=50$〔μF〕とする．

(1) 0.75　(2) 1.0
(3) 1.25　(4) 1.5　(5) 1.75

電気の公式

(1) 直列共振

$$\dot{I} = \frac{\dot{E}}{R + j\left(\omega L - \dfrac{1}{\omega C}\right)} \text{〔A〕}$$

ω：角周波数，$\dot{E}$：電源電圧〔V〕

$$\omega_0 = 2\pi f_0 = \frac{1}{\sqrt{LC}} \text{〔rad/s〕} \qquad Z_0 = R \text{〔Ω〕（最小）}$$

$$f_0 = \frac{1}{2\pi\sqrt{LC}} \text{〔Hz〕} \qquad I_0 = \frac{E}{R} \text{〔A〕（最大）}$$

ω_0：共振時の角周波数　Z_0：共振時のインピーダンス
f_0：共振周波数　I_0：共振時の電流

(2) 直列共振時に抵抗 R で消費される電力 P_0

$$P = I^2 R = \left[\frac{E}{\sqrt{R^2 + \left(\omega L - \dfrac{1}{\omega C}\right)^2}}\right]^2 R$$

$$P_0 = \frac{E^2}{R} \text{〔W〕（最大消費電力）}$$

━━━━━━━━━━━━━ **数学の公式** ━━━━━━━━━━━━━

(1) **最大の定理** 2変数 x, y があって，その2数の和 $(x+y)$ が一定ならば，$x=y$ のとき，2数の積 $(x \times y)$ は，最大となる．

(2) **最小の定理** 2変数 x, y があって，その2数の積 $(x \times y)$ が一定ならば，$x=y$ のとき，2数の和 $(x+y)$ は，最小となる．

(3) **複素数の絶対値の最大，最小値** 変数を実数部または虚数部いずれかにまとめ，虚数部を0とおいて解くとよい．
(計算手順②参照)

━━━━━━━━━━━━━ ●**計算手順**● ━━━━━━━━━━━━━

▶**1** 回路の合成インピーダンス $\dot{Z}$〔Ω〕を求める．

$$\dot{Z} = R + j\omega L + \frac{1}{j\omega C} = \frac{1 - \omega^2 LC + j\omega CR}{j\omega C} \text{〔Ω〕}$$

▶**2** 回路に流れる電流 $\dot{I}$〔A〕を最大にする条件を求める．

回路に流れる電流 $\dot{I}$ は，次式のように表される．

$$\dot{I} = \frac{\dot{E}}{\dot{Z}} \text{〔A〕}$$

したがって，インダクタンス L を調整して，インピーダンス $\dot{Z}$ を最小にすれば，回路に流れる電流 $\dot{I}$ は最大となる．ゆえに，インピーダンスを最小にする条件は，

$$1 - \omega^2 LC = 0$$

このときのインピーダンス $\dot{Z}_0$〔Ω〕は，

$$\dot{Z}_0 = R \text{〔Ω〕}$$

▶**3** 回路に流れる電流の最大値 I_m〔A〕を求める．

$$I_m = \frac{\dot{E}}{\dot{Z}} = \frac{E}{R} = \frac{100}{100} = 1.0 \text{〔A〕}$$

●**答**● (2)

テーマ19 位相調整条件に関する計算

●問 題●

図のような回路において，コンデンサ C を加減して電源電圧 $\dot{E}$ と C を流れる電流 $\dot{I}_C$ を同相とするには，C をどのような値にすればよいか．正しいものは次のうちどれか．

(1) $\dfrac{1}{\omega^2 L}$ (2) $\dfrac{L}{r^2+\omega^2 L^2}$

(3) $\omega^2 LC$ (4) $\dfrac{\omega^2 L^2 r}{r^2+\omega^2 L^2}$

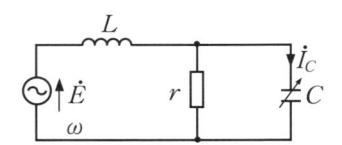

(5) $\omega^2 L$

電気の公式

位相調整条件

$\dot{I}=(a+jb)\dot{E}$

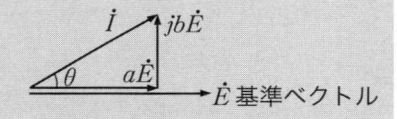

基準ベクトル $\dot{E}$ に対する電流 $\dot{I}$ の位相差条件は，回路のインピーダンスを複素数で計算し，実数部 a，虚数部 b から次式のように求める．

(1) 〔一般式〕θ の位相差：$\tan\theta = \dfrac{虚数部}{実数部} = \dfrac{b}{a}$

(2) 同相条件：虚数部が 0（$b=0$）

(3) 30°の位相差：$\tan 30° = \dfrac{1}{\sqrt{3}} = \dfrac{虚数部}{実数部} = \dfrac{b}{a}$

(4) 45°の位相差：$\tan 45° = 1 = \dfrac{虚数部}{実数部} = \dfrac{b}{a}$

(5) 60°の位相差：$\tan 60° = \sqrt{3} = \dfrac{虚数部}{実数部} = \dfrac{b}{a}$

(6) 90°の位相差：実数部が 0（$a=0$）

数学の公式

複素数の和・差・積・商

$(a+jb)+(c+jd)=(a+c)+j(b+d)$

$(a+jb)-(c+jd)=(a-c)+j(b-d)$

$(a+jb)(c+jd)=(ac-bd)+j(ad+bc)$

$\dfrac{a+jb}{c+jd}=\dfrac{a+jb}{c+jd}\cdot\dfrac{c-jd}{c-jd}=\dfrac{ac+bd}{c^2+d^2}+j\dfrac{bc-ad}{c^2+d^2}$

●計算手順●

1 回路のインピーダンス$\dot{Z}$を求める．

$$\dot{Z}=j\omega L+\dfrac{r\times\dfrac{1}{j\omega C}}{r+\dfrac{1}{j\omega C}}$$

← すぐ有理化しないこと あとで約される

2 コンデンサCを流れる電流$\dot{I}_C$を求める．

$$\dot{I}_C=\dfrac{\dot{E}}{\dot{Z}}\cdot\dfrac{r}{r+\dfrac{1}{j\omega C}}$$

← $r-j\dfrac{1}{\omega C}$と表さないこと

$$=\dfrac{\dot{E}}{j\omega L+\dfrac{r\times\dfrac{1}{j\omega C}}{r\times\dfrac{1}{j\omega C}}}\cdot\dfrac{r}{r\times\dfrac{1}{j\omega C}}$$

$r+\dfrac{1}{j\omega C}$をかける　　約される

$$=\dfrac{j\omega Cr}{r(1-\omega^2 LC)+j\omega L}\dot{E}$$

$$=\dfrac{\omega^2 LCr+j\omega Cr^2(1-\omega^2 LC)}{r^2(1-\omega^2 LC)^2+\omega^2 L^2}\dot{E}$$

3 電流$\dot{I}_C$と基準ベクトルである電源電圧$\dot{E}$が同相になるためには，電流$\dot{I}_C$の虚数部が零でなければならない．

$$\therefore\quad 1-\omega^2 LC=0,\quad C=\dfrac{1}{\omega^2 L}$$

●答● (1)

テーマ20 交流ブリッジに関する計算

●問 題●

図に示す交流ブリッジが $R_1=100$ 〔Ω〕, $R_2=1$ 〔kΩ〕, $R_3=10$ 〔kΩ〕, $C=10^{-8}$ 〔F〕 において平衡した．この場合， L 〔H〕 および r 〔Ω〕 の値として，正しい値の組み合わせは，次のうちどれか．

(1) $L=1\times10^{-4}$ $r=1$
(2) $L=1\times10^{-3}$ $r=10$
(3) $L=1\times10^{-2}$ $r=100$
(4) $L=1\times10^{-1}$ $r=1\,000$
(5) $L=1$ $r=10\,000$

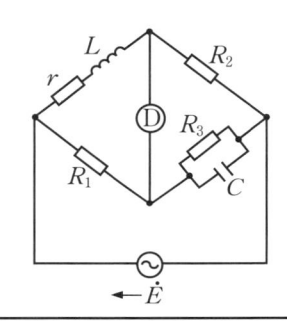

電気の公式

交流ブリッジ回路の平衡条件

図のようなブリッジ回路において，cd間の電流 $\dot{I}_d$ が零のとき，cdは等電位となり，acbを流れる電流を $\dot{I}_1$，adbを流れる電流を $\dot{I}_2$ とすると，

$$\dot{Z}_1\dot{I}_1=\dot{Z}_3\dot{I}_2 \quad (1)$$
$$\dot{Z}_2\dot{I}_1=\dot{Z}_4\dot{I}_2 \quad (2)$$

(1)式÷(2)式を求めると，

$$\frac{\dot{Z}_1}{\dot{Z}_2}=\frac{\dot{Z}_3}{\dot{Z}_4} \quad (3)$$

(3)式を変形すると， $\dot{Z}_1\dot{Z}_4=\dot{Z}_2\dot{Z}_3$ (4)

となり，「相対する辺のインピーダンスのベクトルの積が等しい」ことを示す．これをブリッジの平衡条件という．

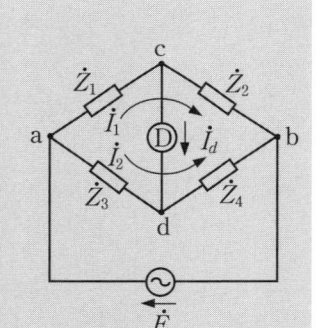

数学の公式

二つの複素数が等しい条件

二つの複素数を $\dot{Z}_1 = a_1 + jb_1$, $\dot{Z}_2 = a_2 + jb_2$ とするとき，二つの複素数が等しくなるための条件は，それぞれの複素数の実数部および虚数部がそれぞれ等しいときである．

つまり，二つの複素数 $\dot{Z}_1$ と $\dot{Z}_2$ が等しくなるためには $a_1 = a_2$, $b_1 = b_2$ の条件が必要である．

●計算手順●

1 交流ブリッジが平衡する条件を求める．

相対する辺のインピーダンス（複素数で表す）の積が等しいときに，ブリッジは平衡する．

したがって，このブリッジの平衡条件は，

$$R_1 R_2 = (r + j\omega L)\left\{\dfrac{R_3\left(\dfrac{1}{j\omega C}\right)}{R_3 + \dfrac{1}{j\omega C}}\right\}$$

2 交流ブリッジの平衡条件より，r〔Ω〕および L〔H〕を求める．

$$R_1 R_2 = (r + j\omega L) \cdot \dfrac{R_3}{1 + j\omega C R_3}$$

$R_1 R_2 (1 + j\omega C R_3) = R_3 (r + j\omega L)$

$R_1 R_2 + j\omega C R_1 R_2 R_3 = r R_3 + j\omega L R_3$

上式において，両辺が等しくなるための条件は，両辺の実数部および虚数部がそれぞれ等しくなければならない．

$R_1 R_2 = r R_3$ より，

$$\therefore \quad r = \dfrac{R_1 R_2}{R_3} = \dfrac{100 \times 1 \times 10^3}{10 \times 10^3} = 10 \ \text{〔Ω〕}$$

$\omega C R_1 R_2 R_3 = \omega L R_3$ より，

$$\therefore \quad L = C R_1 R_2 = 10^{-8} \times 100 \times 1 \times 10^3 = 1 \times 10^{-3} \ \text{〔H〕}$$

●答● (2)

テーマ21 3電圧計法・3電流計法に関する計算

●問 題●

図のように，抵抗R_1およびR_2ならびにリアクタンスXが接続された回路に100〔V〕の交流電圧を印加したところ，各枝路の電流計A_1，A_2およびA_3は，それぞれ19〔A〕，10〔A〕および10〔A〕を指示した．この場合，回路の全消費電力〔W〕として，正しいのは次のうちどれか．

(1) 1 500 (2) 1 530
(3) 1 760 (4) 1 810
(5) 1 970

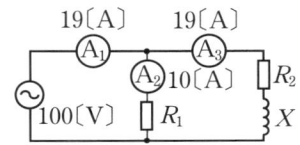

電気の公式

(1) 3電圧計法

負荷力率 $\cos\theta = \dfrac{V_1^2 - V_2^2 - V_3^2}{2V_2V_3}$

負荷電力 $P = \dfrac{V_1^2 - V_2^2 - V_3^2}{2R}$

(2) 3電流計法

負荷力率 $\cos\theta = \dfrac{I_1^2 - I_2^2 - I_3^2}{2I_2I_3}$

負荷電力 $P = \dfrac{R}{2}(I_1^2 - I_2^2 - I_3^2)$

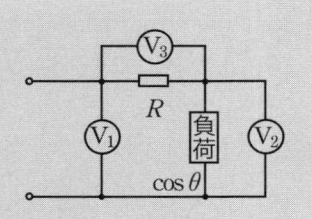

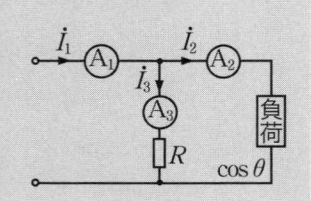

数学の知識

(1) ベクトルの合成

$\dot{C} = \dot{A} + \dot{B}$

$\dot{C} = \dot{A} - \dot{B} = \dot{A} + (-\dot{B})$

(2) 三角関数 $\cos^2\theta + \sin^2\theta = 1$

図形化

$\dot{V}$：電源電圧100〔V〕
$\dot{I}_1$：電流計A₁を流れる電流
$\dot{I}_2$：電流計A₂を流れる電流
$\dot{I}_3$：電流計A₃を流れる電流

●計算手順●

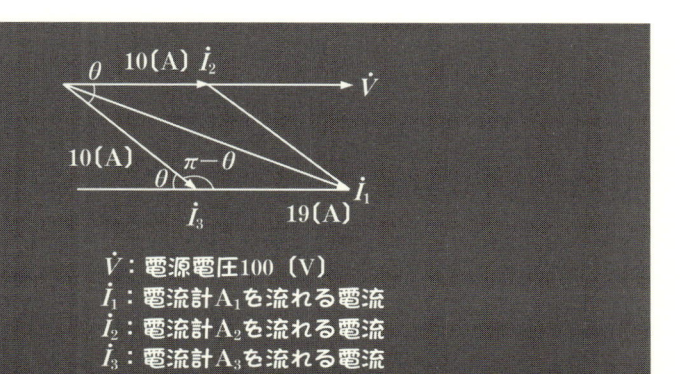

1. 電源電圧$\dot{V}$を基準とした電流ベクトル図を作成する．（図形化参照）

2. 余弦定理を用いて，負荷R_2，Xの力率$\cos\theta$を求める．

$$\cos(\pi-\theta) = -\cos\theta = \frac{I_2^2 + I_3^2 - I_1^2}{2I_2I_3}$$

$$\therefore \cos\theta = \frac{I_1^2 - I_2^2 - I_3^2}{2I_2I_3} = \frac{19^2 - 10^2 - 10^2}{2\times10\times10}$$
$$= 0.805$$

3. 負荷R_2の消費電力P_2を求める．

$$P_2 = VI_3\cos\theta = 100\times10\times0.805 = 805〔W〕$$

4. 抵抗R_1の消費電力P_1を求める．

$$P_1 = VI_2 = 100\times10 = 1\,000〔W〕$$

5. 回路の全消費電力Pを求める．

$$P = P_1 + P_2 = 805 + 1\,000 = 1\,805 \fallingdotseq 1\,810〔W〕$$

●答● (4)

テーマ22 三相回路の電力，電流に関する計算

● 問　題 ●

図に示す負荷に，線間電圧200〔V〕の対称三相電圧を加えたとき，(イ)負荷の力率$\cos\theta$，(ロ)線電流I_l〔A〕，(ハ)負荷電力P〔W〕として，正しい値を組み合わせたものは，次のうちどれか．

(1) (イ) 0.6　(ロ) 23.1　(ハ) 6 400
(2) (イ) 0.6　(ロ) 40　　(ハ) 8 000
(3) (イ) 0.8　(ロ) 23.1　(ハ) 8 000
(4) (イ) 0.8　(ロ) 40　　(ハ) 6 400
(5) (イ) 0.8　(ロ) 23.1　(ハ) 6 400

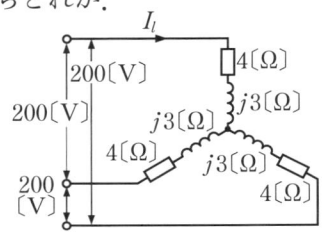

電気の公式

平衡三相回路の等価単相回路への置換

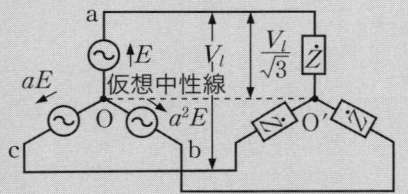

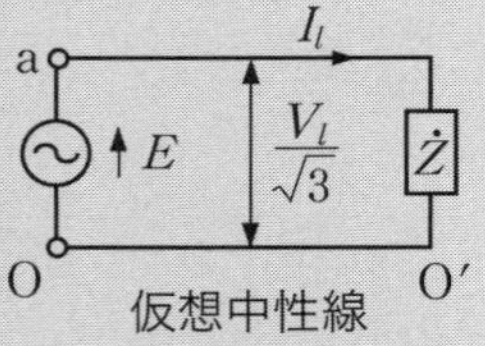

b相およびc相についても同様で，順にa相より$\frac{2}{3}\pi$ずつ位相が遅れるだけである．

(1) 三相負荷の力率

$$\cos\theta = \frac{R}{Z} = \frac{R}{\sqrt{R^2+X^2}}$$

(2) 三相負荷電力

$$P = \sqrt{3}V_l I_l \cos\theta \text{〔W〕}$$

数学の知識

複素数の絶対値

$\dot{Z}=R+jX$とするとき，$\dot{Z}$の絶対値は，

$$Z = |\dot{Z}| = |R+jX| = \sqrt{R^2+X^2}$$

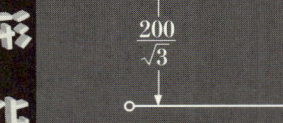

図形化

V_l：線間電圧〔V〕
I_l：線電流〔A〕
R：負荷の抵抗〔Ω〕
X：負荷の誘導リアクタンス〔Ω〕

(回路：$\frac{200}{\sqrt{3}}$, 4〔Ω〕, 3〔Ω〕)

●計算手順●

1. 三相平衡回路を等価単相回路に置き換える．（図形化参照）
線間電圧 V_l〔V〕を負荷の中性点に対する相電圧に換算すると，等価単相回路として扱うことができる．

2. 負荷力率 $\cos\theta$ を求める．

$$\cos\theta = \frac{R}{Z} = \frac{R}{\sqrt{R^2+X^2}} = \frac{4}{\sqrt{4^2+3^2}} = \frac{4}{5} = 0.8$$

3. 線電流 I_l〔A〕を求める．

$$I_l = \frac{\frac{V_l}{\sqrt{3}}}{Z} = \frac{\frac{200}{\sqrt{3}}}{5} = \frac{200}{5} \times \frac{1}{\sqrt{3}} = \frac{40\sqrt{3}}{3} \fallingdotseq 23.1 \text{〔A〕}$$

4. 三相負荷電力 P〔W〕を求める．

$$P = \sqrt{3} V_l I_l \cos\theta = \sqrt{3} \times 200 \times \frac{40}{\sqrt{3}} \times 0.8 = 6\,400 \text{〔W〕}$$

また，次のように求めてもよい．

$$P = 3\frac{V_l}{\sqrt{3}} I_l \cos\theta = 3 \times \frac{200}{\sqrt{3}} \times \frac{40}{\sqrt{3}} \times 0.8 = 6\,400 \text{〔W〕}$$

$$P = 3 I_l^2 R = 3 \times \left(\frac{40}{\sqrt{3}}\right)^2 \times 4 = 6\,400 \text{〔W〕}$$

●答● (5)

テーマ23 三相並列負荷の線路電流の計算

●問　題●

図のように，線間電圧200〔V〕の対称三相交流電源に，容量4.8〔kW〕，力率0.8（遅れ）の負荷と，これと並列に3〔kW〕の抵抗負荷が接続されている．このときの線路電流I_0〔A〕の値として，正しいのは次のうちどれか．

(1)　11.2
(2)　14.3
(3)　17.3
(4)　19.4
(5)　24.8

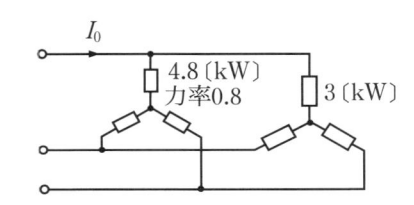

電気の公式

三相平衡回路のY結線の電圧と電流

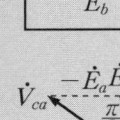

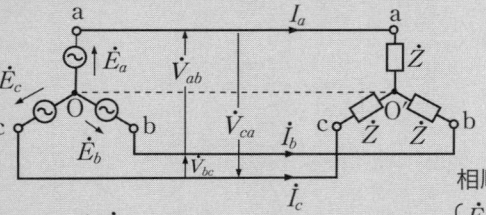

相順：a → b → c

$$\begin{cases} \dot{E}_a = E \\ \dot{E}_b = a^2\dot{E}_a = a^2 E \\ \dot{E}_c = a\dot{E}_a = aE \end{cases}$$

三相平衡回路であるため，

$$|\dot{E}_a| = |\dot{E}_b| = |\dot{E}_c| = E$$

$$|\dot{V}_{ab}| = |\dot{V}_{bc}| = |\dot{V}_{ca}| = V$$

$$|\dot{I}_a| = |\dot{I}_b| = |\dot{I}_c| = I$$

(a) 電圧　$\dot{V}_{ab} = \dot{E}_a - \dot{E}_b$，　$\dot{V}_{bc} = \dot{E}_b - \dot{E}_c$，　$\dot{V}_{ca} = \dot{E}_c - \dot{E}_a$

(b) 電流　$\dot{I}_a = \dfrac{\dot{E}_a}{\dot{Z}}$，　$\dot{I}_b = \dfrac{\dot{E}_b}{\dot{Z}}$，　$\dot{I}_c = \dfrac{\dot{E}_c}{\dot{Z}}$

図形化

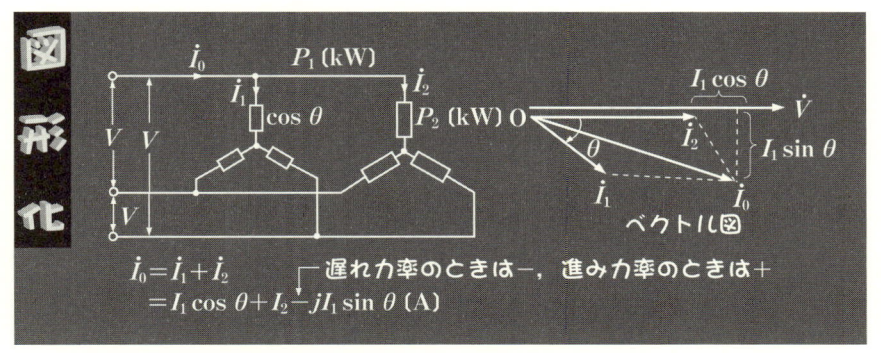

$\dot{I}_0 = \dot{I}_1 + \dot{I}_2$　　遅れ力率のときは−，進み力率のときは+
　　　 $= I_1 \cos\theta + I_2 - jI_1 \sin\theta$ 〔A〕

●計算手順●

1 4.8〔kW〕，力率0.8（遅れ）の誘導負荷の負荷電流 $\dot{I}_1$〔A〕を求める．

(a) $P_1 = \sqrt{3} V I_1 \cos\theta$ より

$$I_1 = \frac{P_1}{\sqrt{3} V \cos\theta} = \frac{4\,800}{\sqrt{3} \times 200 \times 0.8} = \frac{30}{\sqrt{3}}$$

$$= \frac{30\sqrt{3}}{3} = 10\sqrt{3} \text{〔A〕}$$

(b) $\dot{I}_1 = I_1(\cos\theta - j\sin\theta) = 10\sqrt{3}(0.8 - j\sqrt{1 - 0.8^2})$
　　　 $= 8\sqrt{3} - j6\sqrt{3}$〔A〕

2 3〔kW〕の抵抗負荷の負荷電流 I_2〔A〕を求める．

$P_2 = \sqrt{3} V I_2$〔W〕より，

$$I_2 = \frac{P_2}{\sqrt{3} V} = \frac{3\,000}{\sqrt{3} \times 200} = \frac{15}{\sqrt{3}} = \frac{15\sqrt{3}}{3} = 5\sqrt{3} \text{〔A〕}$$

3 線路電流 $\dot{I}_0$〔A〕は，負荷電流 $\dot{I}_1$〔A〕と $\dot{I}_2$〔A〕のベクトル和で求められる．

$$\dot{I}_0 = \dot{I}_1 + \dot{I}_2 = 8\sqrt{3} - j6\sqrt{3} + 5\sqrt{3}$$
$$= \sqrt{3}(8+5) - j6\sqrt{3} = \sqrt{3}(13 - j6)$$
$$= 13\sqrt{3} - j6\sqrt{3} \text{〔A〕}$$

4 I_0〔A〕は次式で求められる．

$$I_0 = \sqrt{3} \times \sqrt{13^2 + 6^2} = \sqrt{3} \times \sqrt{205} \fallingdotseq 24.8 \text{〔A〕}$$

●答● (5)

テーマ24 単相電力計による三相電力の計算

●問 題●

図のような三相平衡回路の電力を二電力計法で測定したところ，電力計W_1およびW_2は，それぞれ$P_1=2000$〔W〕および$P_2=0$〔W〕を示した．また負荷の線間電圧Vは200〔V〕であった．負荷の1相の抵抗R〔Ω〕とリアクタンスX〔Ω〕として，正しい組み合わせは次のうちどれか．

(1) $R=5$,　　　$X=5\sqrt{3}$
(2) $R=5\sqrt{3}$,　$X=5$
(3) $R=5\sqrt{3}$,　$X=5\sqrt{3}$
(4) $R=10\sqrt{3}$,　$X=10$
(5) $R=10$,　　$X=10\sqrt{3}$

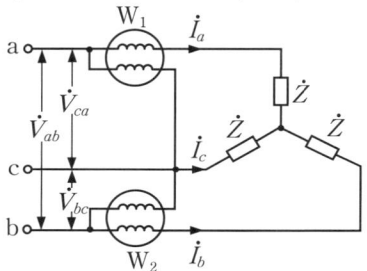

電気の公式

$P_1 = V_{ab}I_a \cos(30°+\theta)$ 〔W〕

$P_2 = V_{cb}I_c \cos(30°-\theta)$ 〔W〕

$P = P_1 + P_2$ 〔W〕

$$\cos\theta = \frac{P_1+P_2}{2\sqrt{P_1^2 - P_1P_2 + P_2^2}}$$

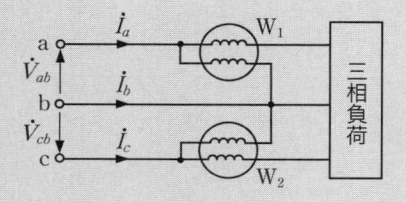

数学の公式

(1) 三角関数の値

	0°	30°	45°	60°	90°
sin	0	$\frac{1}{2}$	$\frac{1}{\sqrt{2}}$	$\frac{\sqrt{3}}{2}$	1
cos	1	$\frac{\sqrt{3}}{2}$	$\frac{1}{\sqrt{2}}$	$\frac{1}{2}$	0

(2) **加法定理**（二角の和と差に関する公式）

$\sin(\alpha \pm \beta) = \sin\alpha\cos\beta \pm \cos\alpha\sin\beta$

$\cos(\alpha \pm \beta) = \cos\alpha\cos\beta \mp \sin\alpha\sin\beta$

図形化

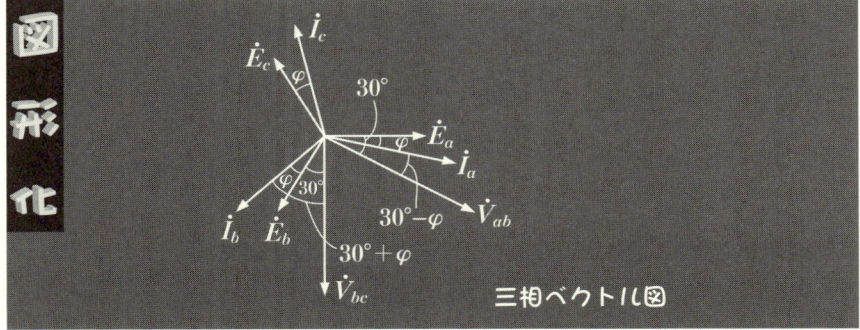

三相ベクトル図

●計算手順●

▶1 単相電力計 W_1, W_2 の指示値から，負荷角 φ を求める．

$$P_2 = VI\cos(30°+\varphi) = 0$$

∴ $\cos(30°+\varphi) = 0$, ∴ $\varphi = 60°$ （∵ $\cos 90° = 0$）

▶2 三相電力 P〔W〕を求める．

$$P = P_1 + P_2 = VI\cos(30°-\varphi) + VI\cos(30°+\varphi)$$

$$= 2VI\cos 30°\cos\varphi = 2VI \times \frac{\sqrt{3}}{2} \times \cos\varphi$$

$$= \sqrt{3}VI\cos\varphi = \sqrt{3}VI\cos 60°〔W〕$$

▶3 負荷電流 I〔A〕を求める．

$$I = \frac{P}{\sqrt{3}V\cos 60°} = \frac{2\,000}{\sqrt{3}\times 200\times\frac{1}{2}} = \frac{20}{\sqrt{3}}〔A〕$$

▶4 負荷の1相のインピーダンス Z〔Ω〕を求める．

$$Z = \frac{\frac{V}{\sqrt{3}}}{I} = \frac{V}{\sqrt{3}I} = \frac{200}{\sqrt{3}\times\frac{20}{\sqrt{3}}} = \frac{200}{20} = 10〔Ω〕$$

▶5 負荷の抵抗 R〔Ω〕，リアクタンス X〔Ω〕を求める．

$$R = Z\cos\varphi = 10\cos 60° = 10\times\frac{1}{2} = 5〔Ω〕$$

$$X = Z\sin\varphi = 10\sin 60° = 10\times\frac{\sqrt{3}}{2} = 5\sqrt{3}〔Ω〕$$

●答● (1)

テーマ25 ひずみ波交流に関する計算

●問　題●

$e = 100 \sin \omega t + 20 \sin\left(3\omega t + \dfrac{\pi}{2}\right)$ 〔V〕なる電圧を回路に加えたとき，$i = 50 \sin\left(\omega t + \dfrac{\pi}{3}\right) + 10 \sin\left(3\omega t + \dfrac{\pi}{3}\right)$ 〔A〕の電流が流れた．この回路で消費される電力として，正しいのは次のうちどれか．

(1)　1 337　　(2)　2 215　　(3)　2 600
(4)　2 673　　(5)　5 200

電気の公式

ひずみ波電圧とひずみ波電流

$e = E_{m1} \sin \omega t + E_{m3} \sin 3\omega t$ 〔V〕
$i = I_{m1} \sin(\omega t - \theta_1) + I_{m3} \sin(3\omega t - \theta_3)$ 〔A〕

電圧の実効値　$E = \sqrt{\left(\dfrac{E_{m1}}{\sqrt{2}}\right)^2 + \left(\dfrac{E_{m3}}{\sqrt{2}}\right)^2} = \sqrt{E_1{}^2 + E_3{}^2}$ 〔V〕

E_1，E_3 は実効値を示す．

電流の実効値 $= \sqrt{\left(\dfrac{I_{m1}}{\sqrt{2}}\right)^2 + \left(\dfrac{I_{m3}}{\sqrt{2}}\right)^2} = \sqrt{I_1{}^2 + I_3{}^2}$ 〔A〕

I_1，I_3 は実効値を示す．

皮相電力　$S = EI = \sqrt{(E_1{}^2 + E_3{}^2)(I_1{}^2 + I_3{}^2)}$ 〔V・A〕

有効電力　$P = \dfrac{E_{m1}}{\sqrt{2}} \cdot \dfrac{I_{m1}}{\sqrt{2}} \cos \theta_1 + \dfrac{E_{m3}}{\sqrt{2}} \cdot \dfrac{I_{m3}}{\sqrt{2}} \cos \theta_3$
$= E_1 I_1 \cos \theta_1 + E_3 I_3 \cos \theta_3$ 〔W〕

力率（等価力率）　$\cos \theta = \dfrac{P}{S} = \dfrac{P}{EI}$

$\cos \theta = \dfrac{E_1 I_1 \cos \theta_1 + E_3 I_3 \cos \theta_3}{\sqrt{(E_1{}^2 + E_3{}^2)(I_1{}^2 + I_3{}^2)}}$

図形化

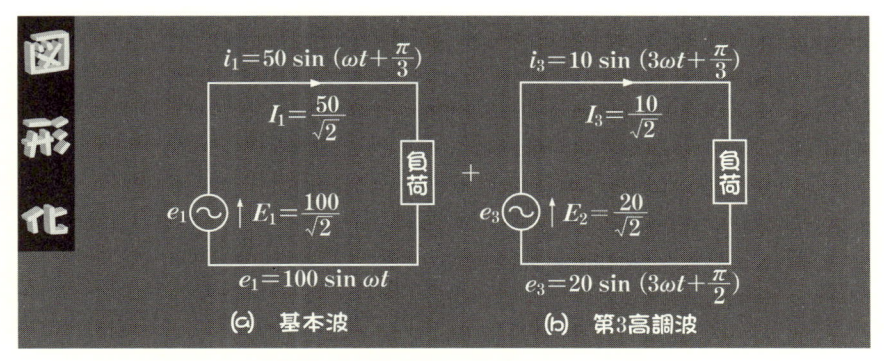

(a) 基本波
- $i_1 = 50 \sin\left(\omega t + \dfrac{\pi}{3}\right)$
- $I_1 = \dfrac{50}{\sqrt{2}}$
- $E_1 = \dfrac{100}{\sqrt{2}}$
- $e_1 = 100 \sin \omega t$

(b) 第3高調波
- $i_3 = 10 \sin\left(3\omega t + \dfrac{\pi}{3}\right)$
- $I_3 = \dfrac{10}{\sqrt{2}}$
- $E_2 = \dfrac{20}{\sqrt{2}}$
- $e_3 = 20 \sin\left(3\omega t + \dfrac{\pi}{2}\right)$

●計算手順●

1 基本波による消費電力 P_1〔W〕を求める．

(a) 基本波の電圧と電流の位相差 φ_1 を求める．

$$\varphi_1 = \frac{\pi}{3}$$

(b) 基本波による消費電力 P_1〔W〕を求める．

$$P_1 = \frac{E_{1m}}{\sqrt{2}} \cdot \frac{I_{1m}}{\sqrt{2}} \cos \varphi_1 = \frac{100}{\sqrt{2}} \times \frac{50}{\sqrt{2}} \times \cos \frac{\pi}{3}$$
$$= 1\,250 \text{〔W〕}$$

2 第3高調波による消費電力 P_3〔W〕を求める．

(a) 第3高調波の電圧と電流の位相差 φ_3 を求める．

$$\varphi_3 = \frac{\pi}{2} - \frac{\pi}{3} = \frac{\pi}{6}$$

(b) 第3高調波による消費電力 P_3〔W〕を求める．

$$P_3 = \frac{E_{3m}}{\sqrt{2}} \cdot \frac{I_{3m}}{\sqrt{2}} \cos \varphi_3 = \frac{20}{\sqrt{2}} \times \frac{10}{\sqrt{2}} \times \cos \frac{\pi}{6}$$
$$= 86.6 \text{〔W〕}$$

3 ひずみ波交流による消費電力 P〔W〕を求める．

$$P = P_1 + P_3 = 1\,250 + 86.6 = 1\,337 \text{〔W〕}$$

●答● (1)

テーマ26 分流器と倍率器に関する計算

●問題●

図のように，電流計Ⓐ（内部抵抗r_g）の最大測定電流をm倍とするため分流用の抵抗R_sを並列に接続し，また，それによる測定回路の抵抗の変化分を補償するため（a，b端子間の抵抗の値をr_gに保つため）直列に抵抗Rを接続した．このときのR_sおよびRの値として，正しいものを組み合わせたのは次のうちどれか．

(1) $R_s = \dfrac{1}{m}r_g$, $R = \dfrac{1}{m}r_g$

(2) $R_s = \dfrac{1}{m}r_g$, $R = \dfrac{1}{m-1}r_g$

(3) $R_s = \dfrac{1}{m-1}r_g$, $R = \dfrac{m-1}{m}r_g$

(4) $R_s = \dfrac{1}{m-1}r_g$, $R = \dfrac{m}{m-1}r_g$

(5) $R_s = \dfrac{m-1}{m+1}r_g$, $R = \dfrac{m}{m+1}r_g$

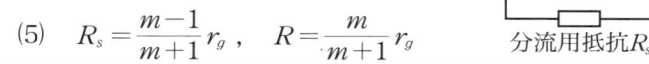

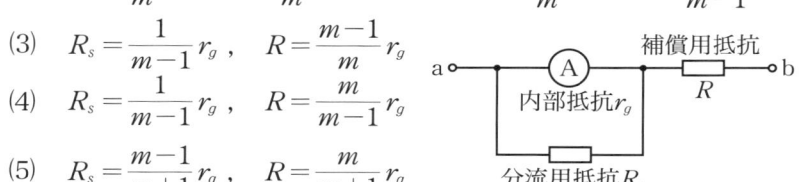

電気の公式

(1) 倍率器の測定範囲拡大

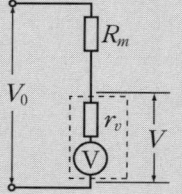

$$\dfrac{V_0}{R_m + r_v} = \dfrac{V}{r_v} \text{ より，}$$

$$V_0 = \dfrac{r_v + R_m}{r_v}V = \left(1 + \dfrac{R_m}{r_v}\right)V = mV \text{ (V)}$$

m：倍率器の倍率
V_0：回路電圧 〔V〕
V：電圧計の測定電圧 〔V〕
r_v：電圧計の内部抵抗 〔Ω〕
R_m：倍率器の抵抗 〔Ω〕

(2) 分流器の測定範囲拡大

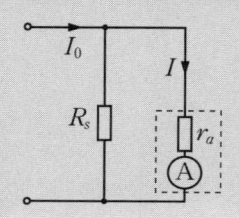

$$Ir_a = (I_0 - I)R_s$$

$$I(r_a + R_s) = I_0 R_s \text{ より，}$$

$$I_0 = \dfrac{r_a + R_s}{R_s}I = \left(1 + \dfrac{r_a}{R}\right)I = nI \text{ (A)}$$

n：分流器の倍率
I_0：回路電流〔A〕
I：電流計の測定電流〔A〕
R_s：分流器の抵抗〔Ω〕
r_a：電流計の内部抵抗〔Ω〕

図形化

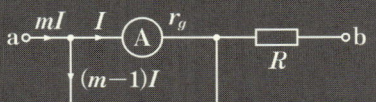

I：電流計Aの最大測定電流
mI：電流計回路の最大測定電流
$(m-1)I$：分流器を流れる電流

●計算手順●

▶1 分流用の抵抗R_sを求める．

電流計Aの端子電圧と分流器の端子電圧が等しい．
電流計Aを流れる電流をIとするとき，

$r_g I = R_s(m-1)I$

$\therefore\ R_s = \dfrac{r_g}{m-1}$

▶2 補償用抵抗Rを求める．

a，b端子間の全抵抗は，r_gに等しい．

$$R + \dfrac{r_g R_s}{r_g + R_s} = R + \dfrac{r_g \cdot \dfrac{r_g}{m-1}}{r_g + \dfrac{r_g}{m-1}} = r_g$$

$$\therefore\ R = r_g - \dfrac{r_g \cdot \dfrac{r_g}{m-1}}{r_g + \dfrac{r_g}{m-1}} = r_g - \dfrac{1}{m-1+1} r_g$$

$$= r_g - \dfrac{1}{m} r_g = \dfrac{m-1}{m} r_g$$

●答● (3)

テーマ27 測定誤差に関する計算

●問 題●

百分率誤差 ε_0 と百分率補正 α_0 との間に成り立つ関係として，正しいのは次のうちどれか．

(1) $\left(1-\dfrac{\varepsilon_0}{100}\right)\left(1-\dfrac{\alpha_0}{100}\right)=1$

(2) $\left(1+\dfrac{\varepsilon_0}{100}\right)\left(1-\dfrac{\alpha_0}{100}\right)=1$

(3) $\left(1-\dfrac{\varepsilon_0}{100}\right)\left(1+\dfrac{\alpha_0}{100}\right)=1$

(4) $\left(1+\dfrac{\varepsilon_0}{100}\right)\left(1+\dfrac{\alpha_0}{100}\right)=1$

(5) $\left(\dfrac{\varepsilon_0}{100}\right)\left(\dfrac{\alpha_0}{100}\right)=1$

電気の公式

誤差と補正に関する式

測定で得られた測定値を評価するために次のような諸量がある．ただし，測定値を M，測定値の真値を T とする．

誤差　　　　$\varepsilon = M - T$ 　　　　　　　　　　　　　　　　①

百分率誤差　$\varepsilon_0 = \dfrac{\varepsilon}{T} \times 100 = \dfrac{M-T}{T} \times 100$ 〔％〕　②

補正　　　　$\alpha = T - M$ 　　　　　　　　　　　　　　　　③

百分率補正　$\alpha_0 = \dfrac{\alpha}{M} \times 100 = \dfrac{T-M}{M} \times 100$ 〔％〕　④

なお，④式を変形すると，

$$T = M\left(1 + \dfrac{\alpha_0}{100}\right) \qquad ⑤$$

が得られる．つまり⑤式の関係式を使えば，測定値 M と百分率補正 α_0 から，測定値の真値 T を求めることができる．

数学の公式

分数の四則演算

$$\frac{a}{d} \pm \frac{b}{d} \pm \frac{c}{d} = \frac{a \pm b \pm c}{d}, \quad \frac{a}{b} \pm \frac{c}{d} = \frac{ad \pm bc}{bd}$$

$$a \pm \frac{b}{c} = \frac{ac \pm b}{c}, \quad \frac{a}{b} \cdot \frac{c}{d} = \frac{ac}{bd}, \quad \frac{a}{b} = \frac{ac}{bc}$$

●計算手順●

電気計器の測定値を M,真値を T とする.

1 百分率誤差 ε_0〔%〕を求める.

(a) 誤差 ε を求める.

$\varepsilon = M - T$

(b) 百分率誤差 ε_0〔%〕を求める.

$$\varepsilon_0 = \frac{\varepsilon}{T} \times 100 = \frac{M - T}{T} \times 100 〔\%〕 \qquad ①$$

2 百分率補正 α_0〔%〕を求める.

(a) 補正 α を求める.

$\alpha = T - M$

(b) 百分率補正 α_0〔%〕を求める.

$$\alpha_0 = \frac{\alpha}{M} \times 100 = \frac{T - M}{M} \times 100 〔\%〕 \qquad ②$$

3 百分率誤差 ε_0 と百分率補正 α_0 との間に成り立つ関係を求める.

①式より, $M = \left(1 + \dfrac{\varepsilon_0}{100}\right) T$

②式より, $T = \left(1 + \dfrac{\alpha_0}{100}\right) M$

∴ $\left(1 + \dfrac{\varepsilon_0}{100}\right)\left(1 + \dfrac{\alpha_0}{100}\right) = 1$

●答● (4)

テーマ28 電界内の電子の運動に関する計算

● 問 題 ●

電子を静止状態から光速度の1/2の速度まで加速するにはおよそ何〔V〕の電位差を必要とするか．ただし，電子の電荷と質量の比（比電荷）を$1.76×10^{11}$〔C/kg〕とし，また，相対論的効果は無視するものとする．ただし，光速$c=3.0×10^8$〔m/s〕とする．

(1) 3 500 (2) 8 800 (3) 13 000 (4) 35 000 (5) 64 000

電気の公式

(1) 電子の電荷量，質量および比電荷
 電荷量　$e=1.602×10^{-19}$〔C〕
 質量　　$m=9.109×10^{-31}$〔kg〕
 比電荷　$e/m=1.759×10^{11}$〔C/kg〕

(2) 電子が電界から受ける力
 電荷量e〔C〕の電子がE〔V/m〕の電界から受ける力Fは，次式で与えられる．
$$F=eE \text{〔N〕}$$

(3) 電子が電界から得るエネルギー
$$U=Fd=eEd=e \cdot \frac{V}{d} \cdot d=eV \text{〔J〕}$$

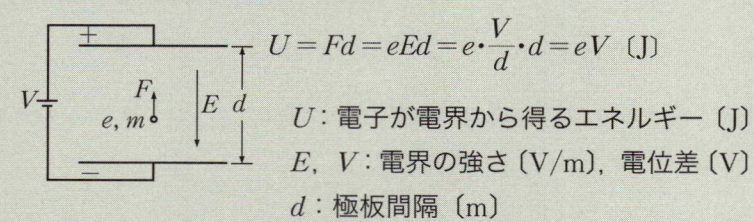

 U：電子が電界から得るエネルギー〔J〕
 E, V：電界の強さ〔V/m〕，電位差〔V〕
 d：極板間隔〔m〕

また，電子が1〔V〕の電位差の電界から得るエネルギーを1〔eV〕（Electoron Voltまたは電子ボルト）という．
$$1\text{〔eV〕}=1.602×10^{-19}×1=1.602×10^{-19} \text{〔J〕}$$

(4) 電子の運動エネルギー
$$U=\frac{1}{2}mv^2 \text{〔J〕}$$

m：電子の質量〔kg〕
v：電子の速度〔m/s〕

(5) 電子が電界内で加速されるときの速度

$$\frac{1}{2}mv^2 = eV \qquad \therefore \quad v = \sqrt{\frac{2eV}{m}} \text{ 〔m/s〕}$$

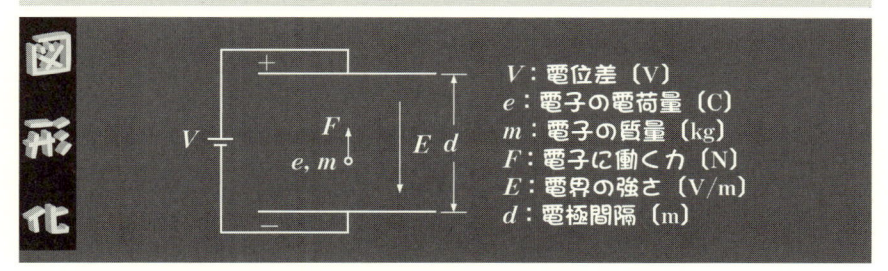

図形化

V：電位差〔V〕
e：電子の電荷量〔C〕
m：電子の質量〔kg〕
F：電子に働く力〔N〕
E：電界の強さ〔V/m〕
d：電極間隔〔m〕

●計算手順●

電子の電荷量をe〔C〕，質量をm〔kg〕，速度をv〔m/s〕とし，電位差をV〔V〕とする．

1. 加速後の速度vに必要な電位差Vを求める．

$$\frac{1}{2}mv^2 = eV \qquad \therefore \quad V = \frac{1}{2}\frac{m}{e}v^2$$

2. 速度vを光速の$\frac{1}{2}$，比電荷e/mとすれば

$$v = \frac{1}{2}c = \frac{1}{2} \times 3 \times 10^8 = 1.5 \times 10^8 \text{ 〔m/s〕}$$

$$\frac{e}{m} = 1.76 \times 10^{11} \text{ 〔C/kg〕}$$

$$\therefore \quad \frac{m}{e} = \frac{1}{1.76 \times 10^{11}} \text{ 〔kg/C〕}$$

3. ②の値を電位差Vの式へ代入する．

$$V = \frac{1}{2} \times \frac{1}{1.76 \times 10^{11}} \times (1.5 \times 10^8)^2 \fallingdotseq 63\,920 \text{ 〔V〕}$$

●答● (5)

テーマ29 磁界内の電子の運動に関する計算

●問　題●

図に示すように，間隔dの平行電極板において，一定磁束密度Bの磁界が紙面に垂直に一様に加えられている．下面の電極から垂直に初速度v_0で対極に向かった電子（電荷$-e$，質量m）が対極に達するための条件として，正しいのは次のうちどれか．ただし，SI単位とする．

(1) $d < \dfrac{ev_0}{mB}$　　(2) $d < \dfrac{mv_0}{eB}$

(3) $d < \dfrac{mB}{ev_0}$　　(4) $d < \dfrac{eB}{mv_0}$

(5) $d < \dfrac{Bv_0}{em}$

電気の公式

(1) 電荷量e〔C〕，質量m〔kg〕の電子が，速度v_0〔m/s〕でB〔T〕の磁界内に進入したとき，電子は磁界から常に進行方向に直角方向の力Fを受けるため，電子は磁界内で円運動を行う．

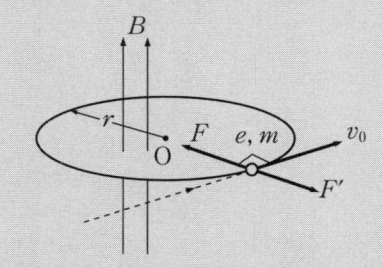

(2) 電子が円運動する場合に磁界から働く力Fは次式で与えられる．

$F = ev_0 B$〔N〕

(3) 電子が半径r〔m〕の円運動をする場合に働く遠心力F'は，次式で与えられる．

$F' = m\dfrac{v_0{}^2}{r}$〔N〕

(4) 円運動の半径 r は, $F=F'$ の関係から, 次式で与えられる.
$$m\frac{v_0^2}{r}=ev_0B \quad \therefore \quad r=\frac{mv_0}{eB} \text{〔m〕}$$

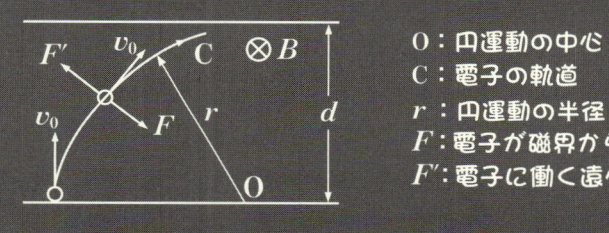

図形化

O：円運動の中心
C：電子の軌道
r：円運動の半径
F：電子が磁界から受ける力
F'：電子に働く遠心力

●計算手順●

▷1 電子が磁界から受ける力 F および電子に働く遠心力 F' を求める.

$$F=ev_0B \qquad F'=m\frac{v_0^2}{r}$$

▷2 $F=F'$ より, 円運動の半径 r を求める.

$$ev_0B=m\frac{v_0^2}{r}$$

$$\therefore \quad r=\frac{mv_0^2}{eB}$$

▷3 円運動の半径 r が極板間隔 d より大きければ, 電子は対極に達することから, その条件を求める.

$$d<r \quad \text{すなわち} \quad d<\frac{mv_0}{eB}$$

●答● (2)

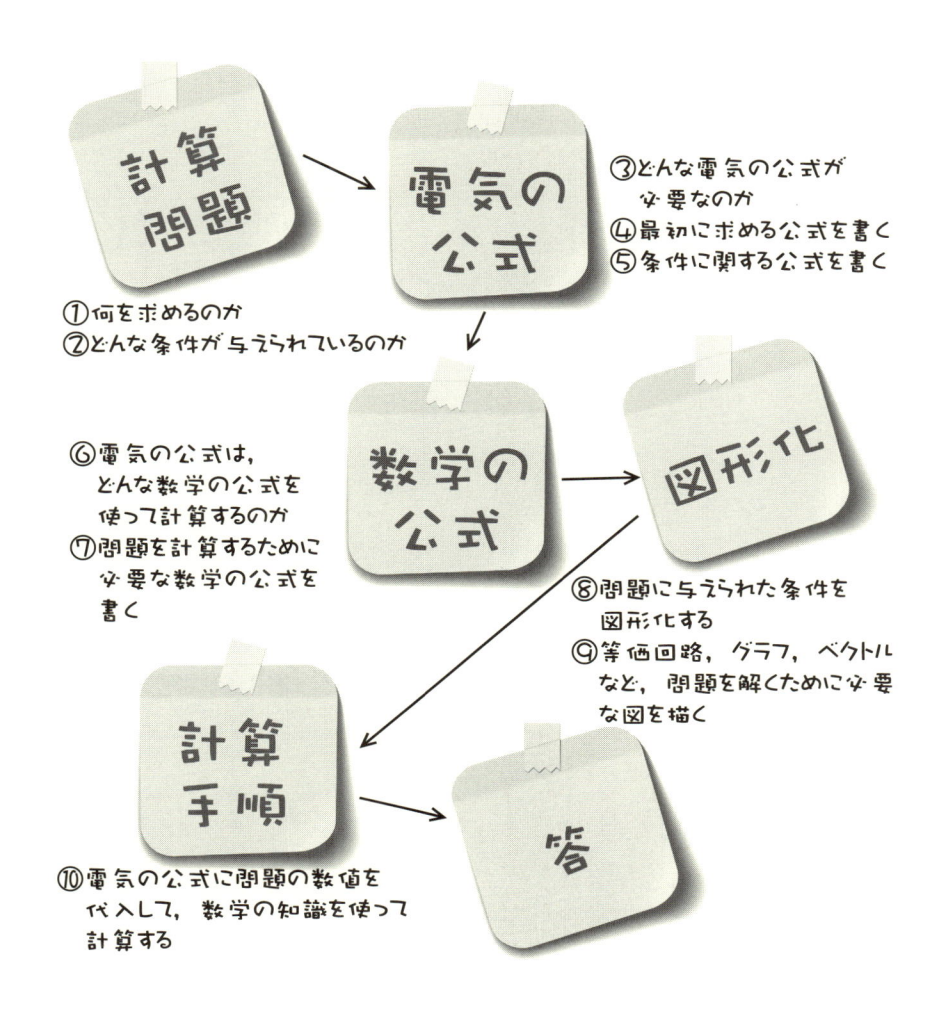

電　力

- 計算問題 → 電気の公式
  - ①何を求めるのか
  - ②どんな条件が与えられているのか
  - ③どんな電気の公式が必要なのか
  - ④最初に求める公式を書く
  - ⑤条件に関する公式を書く

- 電気の公式 → 数学の公式 → 図形化
  - ⑥電気の公式は、どんな数学の公式を使って計算するのか
  - ⑦問題を計算するために必要な数学の公式を書く
  - ⑧問題に与えられた条件を図形化する
  - ⑨等価回路，グラフ，ベクトルなど，問題を解くために必要な図を描く

- 図形化 → 計算手順 → 答
  - ⑩電気の公式に問題の数値を代入して，数学の知識を使って計算する

テーマ30 水力発電所の出力，効率に関する計算

●問　題●

　取水口水面が標高730〔m〕，放水口水面が標高400〔m〕の水力発電所がある．水車の流量は最大50〔m³/s〕である．この水車に接続される発電機の最大出力〔kW〕はいくらか．正しい値を次のうちから選べ．

　ただし，損失落差は総落差の3〔%〕，発電機効率は98〔%〕，水車効率は88〔%〕とする．

(1)　130 000　　(2)　135 000　　(3)　140 000
(4)　145 000　　(5)　150 000

電気の公式

(1) 総落差
　　$H_0 =$ 取水口水面標高 $-$ 放水口水面標高〔m〕

(2) 有効落差
　　$H =$ 総落差 $H_0 -$ 損失落差 H_l〔m〕

(3) 水力発電所の最大出力
　　$P = 9.8 Q H \eta_T \eta_G$〔kW〕
　　Q：最大流量〔m³/s〕
　　η_T：水車効率〔小数〕
　　η_G：発電機効率〔小数〕

数学の知識

単位換算と等式

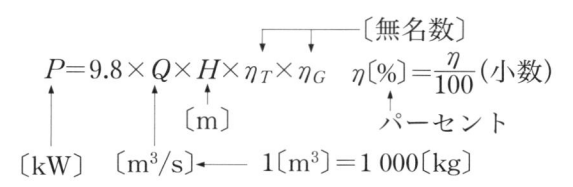

$$P = 9.8 \times Q \times H \times \eta_T \times \eta_G \qquad \eta〔\%〕= \frac{\eta}{100}（小数）$$

〔kW〕　〔m³/s〕　〔m〕　〔無名数〕　パーセント

$1〔m^3〕= 1\,000〔kg〕$

図形化

（水路式水力発電所の図形化）

損失落差 H_l / 取水口標高 / 総落差 H_0 / 流量 Q / 有効落差 H / 水車 η_T / 発電機 η_G / 放水口標高

$P = 9.8QH\eta_T\eta_G$ 〔kW〕

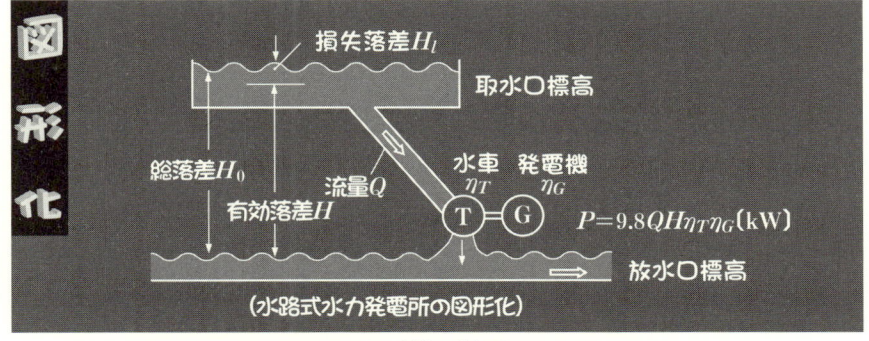

●計算手順●

1. 総落差 H_0 を求める．

   $H_0 =$ 取水口水面標高 − 放水口水面標高

   $= 730 - 400$

   $= 330$ 〔m〕

2. ただし書きの条件より，損失落差 H_l を求める．

   $H_l = H_0 \times \dfrac{3}{100}$

   $= 330 \times \dfrac{3}{100}$

   $= 9.9$ 〔m〕

3. 有効落差 H を求める．

   $H = H_0 - H_l = 330 - 9.9$

   $= 320.1$ 〔m〕 ≒ 320 〔m〕

4. 水力発電所の発電機の最大出力 P を求める．

   $P = 9.8QH\eta_T\eta_G$

   $= 9.8 \times 50 \times 320 \times 0.88 \times 0.98$

   ≒ $135\,224$

   ≒ $135\,000$ 〔kW〕

●答● (2)

テーマ31 比速度と水車回転数に関する計算

●問　題●

有効落差256〔m〕，出力40 000〔kW〕，周波数50〔Hz〕の水車発電機の毎分回転数〔min^{-1}〕はいくらが適当か．正しい値を次のうちから選べ．ただし，水車はフランシス水車を使用するものとする．

(1) 300　　(2) 350　　(3) 400
(4) 500　　(5) 600

電気の公式

(1) フランシス水車の比速度の限界式

$$N_s \leqq \frac{23\,000}{H+30} + 40 \quad (\text{m}-\text{kW基準})$$

デリア水車　$N_s \leqq \dfrac{21\,000}{H+20} + 40$

(2) 水車の比速度

$$N_s = N \frac{P^{\frac{1}{2}}}{H^{\frac{5}{4}}} \quad (\text{m}-\text{kW基準})$$

ペルトン水車　$N_s \leqq \dfrac{4\,300}{H+200} + 14$

軸流水車　$N_s \leqq \dfrac{21\,000}{H+16} + 50$

(3) 同期速度（発電機の回転数）

$$N = \frac{120f}{p} \, (\text{min}^{-1}) \qquad \text{水車の回転数} \quad N = N_s \frac{H^{\frac{5}{4}}}{P^{\frac{1}{2}}} \, (\text{min}^{-1})$$

H：有効落差〔m〕
N_s：比速度（m−kW基準）
P：有効落差 H〔m〕におけるランナ（またはノズル）1個当たりの出力〔kW〕
p：発電機の極数，f：周波数〔Hz〕

数学の知識

不等式 $A \leqq B$　A は B 以下であることを表す．

指数とルート（根号）の表し方

$$N_s = N \frac{P^{\frac{1}{2}}}{H^{\frac{5}{4}}} = N \frac{P^{\frac{1}{2}}}{H \cdot H^{\frac{1}{4}}} = N \frac{\sqrt{P}}{H\sqrt{\sqrt{H}}}$$

図形化

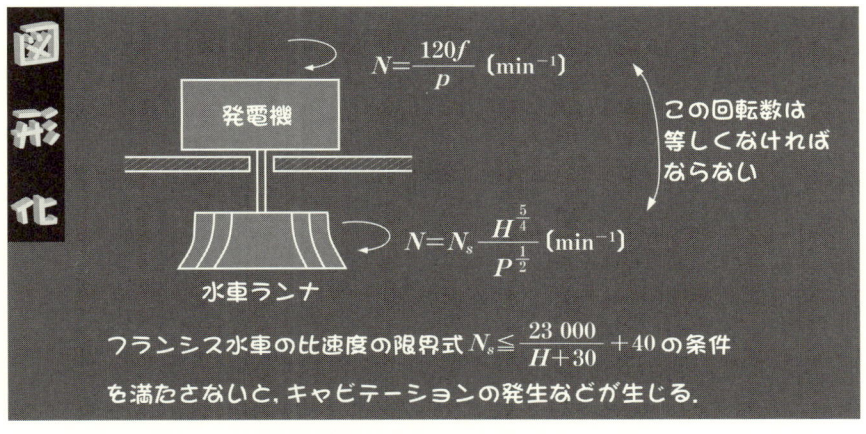

発電機

$N = \dfrac{120f}{p}$ 〔min^{-1}〕

この回転数は等しくなければならない

水車ランナ

$N = N_s \dfrac{H^{\frac{5}{4}}}{P^{\frac{1}{2}}}$ 〔min^{-1}〕

フランシス水車の比速度の限界式 $N_s \leqq \dfrac{23\,000}{H+30} + 40$ の条件を満たさないと、キャビテーションの発生などが生じる。

●計算手順●

1. フランシス水車の比速度の限界を求める。

$$N_s \leqq \dfrac{23\,000}{H+30} + 40 = \dfrac{23\,000}{256+30} + 40$$
$$\fallingdotseq 120.4 \,〔\text{m} \cdot \text{kW}〕$$

2. 水車の比速度の公式から、水車の回転数を求める。

$$N = N_s \dfrac{H^{\frac{5}{4}}}{P^{\frac{1}{2}}} = 120.4 \times \dfrac{256^{\frac{5}{4}}}{40\,000^{\frac{1}{2}}} = 120.4 \times \dfrac{256 \times 256^{\frac{1}{4}}}{\sqrt{40\,000}}$$

$$= 120.4 \times \dfrac{256 \times 4}{200} \fallingdotseq 616 \,〔\text{min}^{-1}〕$$

3. 発電機の極数（偶数）を求める。

$$p = \dfrac{120f}{N} = \dfrac{120 \times 50}{616} = 9.74$$

8極または10極となるが、10極を採用する。
極数を8極とすると比速度の限界を超える。

4. 発電機の回転数を求める。

$$N = \dfrac{120f}{p} = \dfrac{120 \times 50}{10} = 600 \,〔\text{min}^{-1}〕$$

●答● (5)

テーマ32 流速，流量，回転数に関する計算

●問 題●

有効落差256〔m〕，最大出力38 000〔kW〕，周波数50〔Hz〕の水力発電所がある．水車効率90〔%〕，発電機効率95〔%〕，水圧管内径3.0〔m〕，比速度の限界値111〔m・kW〕とするとき，水圧管内の流量〔m³/s〕，流速〔m/s〕，発電機の回転数〔min⁻¹〕の値として正しいのは次のどれか．

(1)　8.5, 1.5, 300　　(2)　9.0, 1.7, 350　　(3)　11.0, 1.9, 400
(4)　15.0, 2.0, 450　　(5)　17.7, 2.5, 500

電気の公式

(1) 水車の流量

$$Q = \frac{P}{9.8H\eta_T\eta_G} \ \text{〔m}^3/\text{s〕}$$

(2) 水圧管内の流速

$$v = \frac{4Q}{\pi D^2} \ \text{〔m/s〕}$$

(3) 水車と発電機の回転数

$$N = N_s \frac{H^{\frac{5}{4}}}{P_1^{\frac{1}{2}}} \ \text{〔min}^{-1}\text{〕}$$

$$N = \frac{120f}{p} \ \text{〔min}^{-1}\text{〕}$$

Q：流量〔m³/s〕
P：発電機出力〔kW〕
H：有効落差〔m〕
η_T：水車効率〔小数〕
η_G：発電機効率〔小数〕
D：水圧管内径〔m〕
N_s：比速度〔m・kW〕
P_1：水車出力〔kW〕
（$P_1 = 9.8QH\eta_T$）

数学の知識

等式の計算

移項　　　　　　　　　　　　　両辺の逆数をとる

$P = 9.8QH\eta_T\eta_G$,　　$\dfrac{1}{Q} = \dfrac{9.8H\eta_T\eta_G}{P}$　　∴　$Q = \dfrac{P}{9.8H\eta_T\eta_G}$

移項

$Q = Av = \dfrac{\pi D^2 v}{4}$　　∴　$v = \dfrac{4Q}{\pi D^2}$

（A：水圧管断面積 $A = \dfrac{\pi D^2}{4}$）

図形化

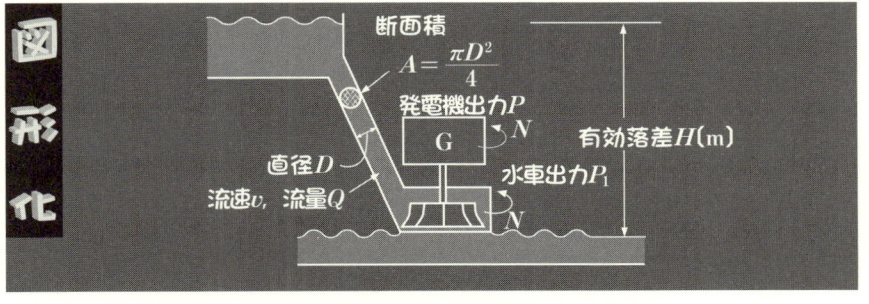

(図: 有効落差 H(m), 断面積 $A = \dfrac{\pi D^2}{4}$, 発電機出力 P, 水車出力 P_1, 直径 D, 流速 v, 流量 Q)

─●計算手順●─

1 水車の流量を求める．

$$Q = \frac{P}{9.8 H \eta_T \eta_G} = \frac{38\,000}{9.8 \times 256 \times 0.9 \times 0.95} \fallingdotseq 17.7 \ [\mathrm{m^3/s}]$$

2 水圧管内の流速を求める．

$$v = \frac{4Q}{\pi D^2} = \frac{4 \times 17.7}{\pi \times 3^2} \fallingdotseq 2.5 \ [\mathrm{m/s}]$$

3 水車出力 P_1 を求める．（PでなくP_1を用いる）

$$P_1 = \frac{P}{\eta_G} = \frac{38\,000}{0.95} = 40\,000 \ [\mathrm{kW}]$$

4 水車の回転数を求める．

$$N = N_s \frac{H^{\frac{5}{4}}}{P_1^{\frac{1}{2}}} = 111 \times \frac{256^{\frac{5}{4}}}{40\,000^{\frac{1}{2}}} = \frac{111 \times 256 \times 4}{\sqrt{40\,000}}$$

$$= 568 \ [\mathrm{min^{-1}}]$$

5 568 [$\mathrm{min^{-1}}$] に近い発電機の極数は10極，または12極である．しかし，10極では回転数が高く比速度の限界を超える．したがって，12極を採用する．

6 発電機の回転数を求める．

$$\therefore \ N = \frac{120 f}{p} = \frac{120 \times 50}{12} = 500 \ [\mathrm{min^{-1}}]$$

●答● (5)

テーマ33 水頭の種類と流量に関する計算

●問 題●

水車運転時における静水面から落差40〔m〕の点における水圧鉄管内の水の圧力は387〔kPa〕であり、水圧鉄管の直径は2〔m〕である。このときの水圧管の流量〔m³/s〕はいくらか。正しい値を次のうちから選べ。

(1) 9.2　(2) 9.5　(3) 9.8　(4) 10.0　(5) 12.0

電気の公式

(1) ベルヌーイの定理

$$H_a + \frac{p_a}{\rho g} + \frac{v_a^2}{2g} = H_b + \frac{p_b}{\rho g} + \frac{v_b^2}{2g} = H \text{〔m〕 一定}$$

(2) 水圧管内の水の流量

$$Q = Av = \frac{\pi D^2}{4} v \text{〔m}^3/\text{s〕}$$

H_a, H_b：位置水頭〔m〕

ρ：水の密度〔kg/m³〕　　　　　$\rho = 1\,000$〔kg/m³〕

g：重力の加速度〔m/s²〕　　　　$g = 9.8$〔m/s²〕

p_a, p_b：圧力〔Pa〕　　　　　　v：流水の速度〔m/s〕

$v_a^2/2g$, $v_b^2/2g$：速度水頭　　　A：水圧管断面積〔m²〕

D：水圧管直径〔m〕　　　　　　Q：水の流量〔m³/s〕

数学の知識

水の圧力、速度を水頭〔m〕で表すと、1〔Pa〕＝1〔N/m²〕
1〔N〕＝1〔kg・m/s²〕

圧力水頭　$\dfrac{p_a \text{〔Pa〕}}{\rho \text{〔kg/m}^3\text{〕}\cdot g \text{〔m/s}^2\text{〕}} = \dfrac{p_a \text{〔kg/(m}\cdot\text{s}^2\text{)〕}}{\rho g \text{〔kg/(m}^2\cdot\text{s}^2\text{)〕}} = \dfrac{p_a}{\rho g}$〔m〕

速度水頭　$\dfrac{v^2 \text{〔m}^2/\text{s}^2\text{〕}}{2g \text{〔m/s}^2\text{〕}} = \dfrac{v^2}{2g}$〔m〕

図形化

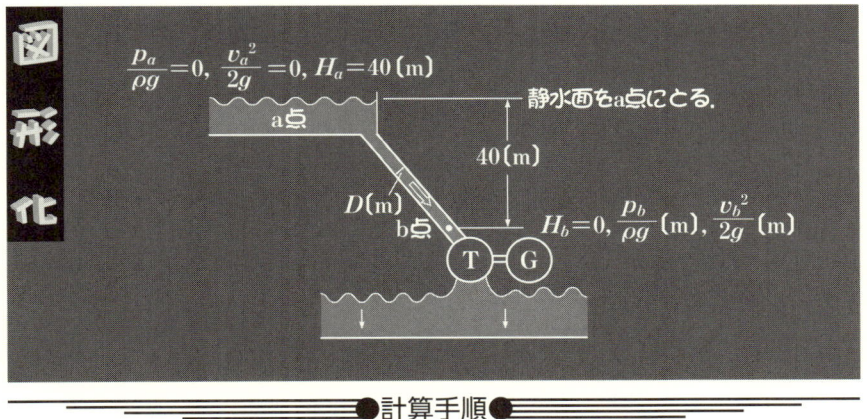

$\dfrac{p_a}{\rho g}=0,\ \dfrac{v_a^2}{2g}=0,\ H_a=40\,[{\rm m}]$

静水面をa点にとる．

a点

40[m]

D[m]

b点

T　G

$H_b=0,\ \dfrac{p_b}{\rho g}\,[{\rm m}],\ \dfrac{v_b^2}{2g}\,[{\rm m}]$

●計算手順●

1 a点を静水面にとり，落差40〔m〕の点にとり，ベルヌーイの定理を適用する．

$$H_a+\dfrac{v_a^2}{2g}+\dfrac{p_a}{\rho g}=H_b+\dfrac{v_b^2}{2g}+\dfrac{p_b}{\rho g}$$

$$40+0+0=0+\dfrac{v_b^2}{2g}+\dfrac{387\times10^3}{1\,000\times9.8}$$

$$40=\dfrac{v_b^2}{2g}+39.5$$

$$\therefore\ \dfrac{v_b^2}{2g}=40-39.5=0.5$$

2 b点の流速を速度水頭から求める．

$$v_b=\sqrt{2g\times0.5}=\sqrt{2\times9.8\times0.5}≒\sqrt{9.8}≒3.13\,[{\rm m/s}]$$

3 水圧管の流量を求める．

$$Q=Av_b=\dfrac{\pi D^2}{4}v_b=\dfrac{\pi\times2^2}{4}\times3.13=3.14\times3.13$$

$$≒9.8\,[{\rm m}^3/{\rm s}]$$

●答● (3)

テーマ34 揚水発電所に関する諸計算

●問題●

総落差120〔m〕, 損失落差3〔m〕, 損失揚程3〔m〕, ポンプ効率84〔％〕, 水車効率88〔％〕, 電動機効率95〔％〕, 発電機効率95〔％〕の純揚水式発電所がある. 発電量は15 000〔kW〕で1日のうち7時間継続し, 揚水は10時間一定量で行うものとすると, 上池の貯水池容量〔m³〕と揚水用電力量〔kW・h〕として, 正しい組み合わせは次のうちどれか.

(1) $\begin{cases} 300\ 000 \\ 130\ 000 \end{cases}$ (2) $\begin{cases} 350\ 000 \\ 145\ 000 \end{cases}$ (3) $\begin{cases} 378\ 560 \\ 156\ 500 \end{cases}$

(4) $\begin{cases} 393\ 000 \\ 160\ 000 \end{cases}$ (5) $\begin{cases} 394\ 380 \\ 165\ 600 \end{cases}$

電気の公式

(1) 発電時の有効落差　$H_G = H_0 - H_l$〔m〕

(2) 有効揚程　$H_P = H_0 + H_l$〔m〕

(3) 発電時出力　$P_G = 9.8 Q_G H_G \eta_T \eta_G$〔kW〕

(4) 有効貯水池容量　$V = 3\ 600 T_G Q_G$〔m³〕

(5) 揚水用電力量　$W_P = \dfrac{9.8 H_P Q_P T_P}{\eta_P \eta_M}$〔kW・h〕

H_0：総落差〔m〕　　　　　　H_l：損失揚程, 損失落差〔m〕
Q_G：発電時流量〔m³/s〕　　Q_P：揚水時流量〔m³/s〕
η_T：水車効率　　η_P：ポンプ効率　　η_G：発電機効率
η_M：電動機効率　T_G：発電時間〔h〕　T_P：揚水時間〔h〕

数学の知識

発電時流量の求め方（等式の性質を使った公式の導出法）

$$P_G = 9.8 Q_G H_G \eta_T \eta_G \Rightarrow Q_G = \dfrac{P_G}{9.8 H_G \eta_T \eta_G}\ \text{〔m}^3/\text{s〕}$$

揚水時流量の求め方

$$Q_P T_P \times 3\ 600 = Q_G T_G \times 3\ 600 \Rightarrow Q_P = \dfrac{T_G}{T_P} Q_G\ \text{〔m}^3/\text{s〕}$$

図形化

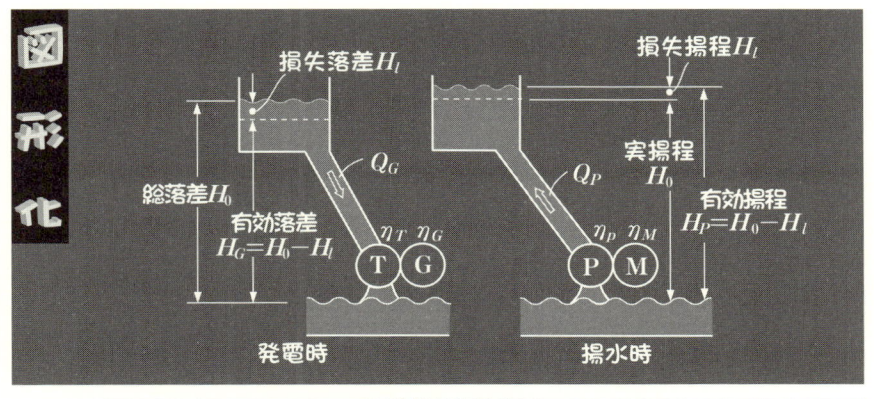

発電時 / 揚水時

損失落差 H_l / 損失揚程 H_l
総落差 H_0 / 実揚程 H_0
有効落差 $H_G = H_0 - H_l$ / 有効揚程 $H_P = H_0 - H_l$
Q_G, η_T, η_G (T G) / Q_P, η_P, η_M (P M)

●計算手順●

1 発電時の有効落差を求める．

$$H_G = H_0 - H_l = 120 - 3 = 117 \text{ [m]}$$

2 発電時の流量を求める．

$$Q_G = \frac{P_G}{9.8 H_G \eta_T \eta_G} = \frac{15\,000}{9.8 \times 117 \times 0.88 \times 0.95}$$

$$\fallingdotseq 15.65 \text{ [m}^3/\text{s]}$$

3 貯水池容量を求める．

$$V = T_G Q_G \times 3\,600 = 7 \times 15.65 \times 3\,600 \fallingdotseq 394\,380 \text{ [m}^3\text{]}$$

4 揚水時の流量を求める．

$$Q_P = \frac{T_G}{T_P} Q_G = \frac{7}{10} \times 15.65 \fallingdotseq 10.96 \text{ [m}^3/\text{s]}$$

5 揚水時の有効揚程を求める．

$$H_P = H_0 + H_l = 120 + 3 = 123 \text{ [m]}$$

6 揚水電力量を求める．

$$W_P = \frac{9.8 H_P Q_P T_P}{\eta_P \eta_M} = \frac{9.8 \times 123 \times 10.96 \times 10}{0.84 \times 0.95}$$

$$\fallingdotseq 165\,600 \text{ [kW·h]}$$

●答● (5)

テーマ35 水車・タービンの速度調定率の計算

●問 題●

定格出力600〔MW〕，速度調定率5〔%〕のタービン発電機と，定格出力120〔MW〕，速度調定率3〔%〕の水車発電機が50〔Hz〕の電力系統に接続され，いずれも定格負荷，定格周波数で並列運転中に，負荷の脱落により，タービン発電機の出力が480〔MW〕になった．このとき系統の周波数 f〔Hz〕と水車発電機の出力 P〔MW〕は，それぞれいくらか．正しい値を選べ．ただし，ガバナ特性は直線とする．

(1)　50.5, 80　　(2)　51.0, 85　　(3)　51.5, 90
(4)　52.0, 95　　(5)　53.0, 100

電気の公式

速度調定率

$$R = \frac{\frac{F_2 - F_1}{F_n}}{\frac{P_1 - P_2}{P_n}} \times 100 \ [\%] \tag{1}$$

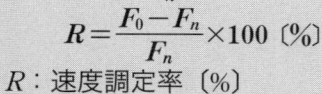

$$R = \frac{F_0 - F_n}{F_n} \times 100 \ [\%] \tag{2}$$

R：速度調定率〔%〕　　　　P_n：発電機の定格出力〔kW〕
F_n：定格周波数〔Hz〕　　　F_1：負荷変化前の周波数〔Hz〕
F_2：負荷変化後の周波数〔Hz〕
P_1：変化前の負荷〔kW〕　　P_2：変化後の負荷〔kW〕
F_0：無負荷時の周波数〔Hz〕

数学の知識

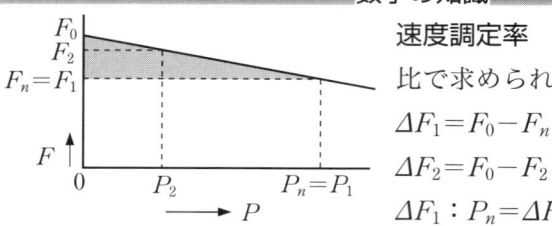

速度調定率　出力と周波数の三角形の比で求められる．

$\varDelta F_1 = F_0 - F_n$

$\varDelta F_2 = F_0 - F_2$

$\varDelta F_1 : P_n = \varDelta F_2 : P_2$

図形化

出力－周波数曲線

グラフ:
- 縦軸: 周波数 [Hz], 目盛 50, 51.5, 52.5, 53
- F_0 52.5 600 [MW] 機
- F_0 51.5 120 [MW] 機
- 横軸: 負荷 [MW] →、← 負荷脱落
- 点: P120, 480, 600

●計算手順●

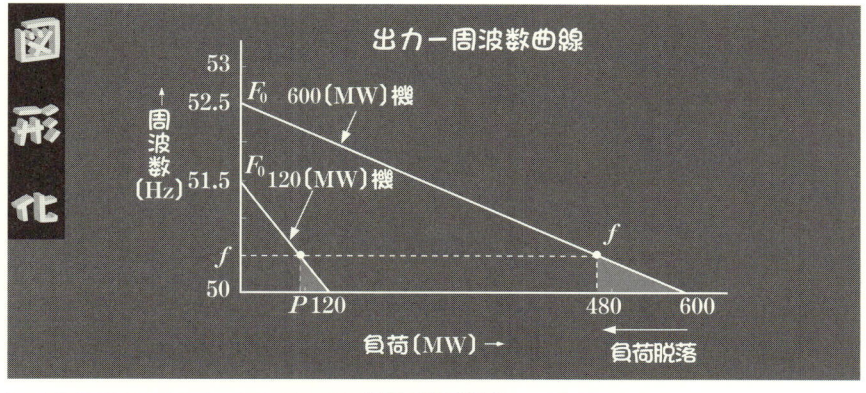

1 600 [MW] 機，120 [MW] 機の無負荷周波数を求める．
公式の(2)を使用する．速度調整率 R は小数で表す．

$$F_0 = F_n(1+R) = 50(1+0.05) = 52.5 \text{ [Hz]} \quad (600\text{ [MW] 機})$$

$$F_0 = F_n(1+R) = 50(1+0.03) = 51.5 \text{ [Hz]} \quad (120\text{ [MW] 機})$$

2 負荷脱落後の周波数 f [Hz] を図から三角比で求める．

$$(f-50):(600-480) = (52.5-50):600$$

$$\frac{f-50}{600-480} = \frac{52.5-50}{600}$$

$$\therefore \quad f = \frac{2.5 \times 120}{600} + 50 = 50.5 \text{ [Hz]}$$

3 水車発電機（120 [MW] 機）が $f = 50.5$ [Hz] で運転するときの出力 P [MW] を図から三角比で求める．

$$(f-50):(120-P) = (51.5-50):120$$

$$\frac{f-50}{120-P} = \frac{50.5-50}{120-P} = \frac{51.5-50}{120}$$

$$120-P = (50.5-50) \times \frac{120}{51.5-50} = 40$$

$$\therefore \quad P = 120 - 40 = 80 \text{ [MW]}$$

●答● (1)

テーマ36 火力発電所の熱効率に関する諸計算

●問 題●

出力が300〔MW〕の火力発電所がある．発熱量が42 000〔kJ/L〕の重油を毎時68〔kL〕消費している．この発電所の発電端熱効率〔%〕，所内率〔%〕，送電端熱効率〔%〕はそれぞれいくらか．正しい値を次のうちから選べ．ただし，発電所内で消費する電力は20 000〔kW〕とする．

(1) 35.9, 5.7, 33.0 (2) 37.8, 6.7, 35.3
(3) 38.8, 7.2, 37.0 (4) 39.0, 8.0, 37.5
(5) 41.0, 9.0, 38.0

電気の公式

(1) 発電端熱効率 $\eta = \dfrac{3\,600 W_G}{BH} \times 100$ 〔%〕

(2) 所内率（所内比率） $L = \dfrac{W_L}{W_G} \times 100$ 〔%〕

(3) 送電端熱効率 $\eta' = \eta\left(1 - \dfrac{L}{100}\right)$ 〔%〕

η：発電端熱効率〔%〕　　　W_G：発電機出力〔kW〕
B：重油使用量〔L〕　　　　H：重油発熱量〔kJ/L〕
L：所内率〔%〕　　　　　　W_L：所内電力〔kW〕
η'：送電端熱効率〔%〕

数学の知識

ηの算出は，1〔kW・h〕＝3 600〔kJ〕の関係を用いる．

ηの分子は，$W_G \times 1$〔kW・h〕＝$3\,600 W_G$〔kJ〕

ηの分母は，$BH\left(L \times \dfrac{kJ}{L}\right) = BH$〔kJ〕

∴ $\eta = \dfrac{3\,600 W_G 〔kJ〕}{BH 〔kJ〕} \times 100$ 〔%〕$= \dfrac{3\,600 W_G}{BH} \times 100$ 〔%〕

図形化

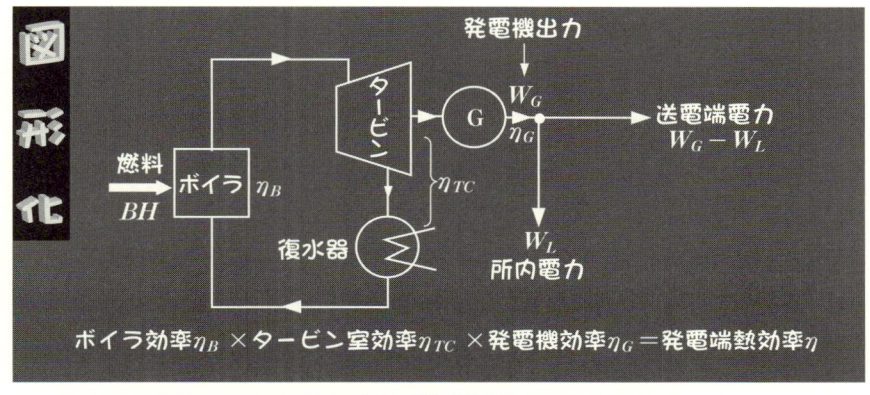

ボイラ効率 η_B × タービン室効率 η_{TC} × 発電機効率 η_G = 発電端熱効率 η

━━━━●計算手順●━━━━

1 発電端熱効率を公式から求める．

$$\eta = \frac{3\,600W_G}{BH} \times 100 \,[\%]$$

$$= \frac{3\,600 \times 300 \times 10^3}{68 \times 10^3 \times 42\,000} \times 100$$

$$\fallingdotseq 37.8 \,[\%]$$

2 所内率（所内比率）を公式から求める．

$$L = \frac{W_L}{W_G} \times 100 \,[\%]$$

$$= \frac{20\,000}{300 \times 10^3} \times 100$$

$$\fallingdotseq 6.7 \,[\%]$$

3 送電端熱効率を求める．

$$\eta' = \eta\left(1 - \frac{L}{100}\right) = 37.8 \times \left(1 - \frac{6.7}{100}\right) = 37.8 \times 0.933$$

$$\fallingdotseq 35.3 \,[\%]$$

●答● (2)

テーマ37 熱消費率，燃料消費率の計算

●問　題●

最大出力500〔MW〕で1日連続運転し，発熱量42 000〔kJ/L〕の重油を2 700〔kL〕消費する火力発電所がある．この発電所の燃料消費率〔L/(kW・h)〕と熱消費率〔kJ/(kW・h)〕は，それぞれいくらか．正しい値を次のうちから選べ．

(1)　0.225，9 450　　(2)　0.230，2 300　　(3)　0.235，2 350
(4)　0.240，2 400　　(5)　0.255，2 550

電気の公式

(a) 燃料消費率 f

(1) $f = \dfrac{B}{W_G}$ 〔L/(kW・h)〕　　(2) $f = \dfrac{3\,600}{\eta H}$ 〔L/(kW・h)〕

(b) 熱消費率 J

(3) $J = \dfrac{BH}{W_G}$ 〔kJ/(kW・h)〕　　(4) $J = \dfrac{3\,600}{\eta}$ 〔kJ/(kW・h)〕

W_G：発電電力量〔kW・h〕　　B：燃料消費量〔L〕
H：燃料発熱量〔kJ/L〕　　η：発電端熱効率〔小数〕

数学の知識

(2)式の算出　熱効率の公式より，

$$\eta = \frac{3\,600 W_G}{BH} \quad \therefore \quad W_G = \frac{\eta BH}{3\,600}$$

を(1)の公式に代入すると，

$$f = \frac{B}{W_G} = \frac{3\,600 B}{\eta BH} = \frac{3\,600}{\eta H}$$

(4)式の算出　同様に，W_Gの式を(3)式に代入すると，

$$J = \frac{BH}{W_G} = \frac{BH \times 3\,600}{\eta BH} = \frac{3\,600}{\eta}$$

図形化

燃料消費率 $=\dfrac{B}{W_G}$ 〔L/(kW·h)〕　　熱消費率 $=\dfrac{BH}{W_G}$ 〔kJ/(kW·h)〕

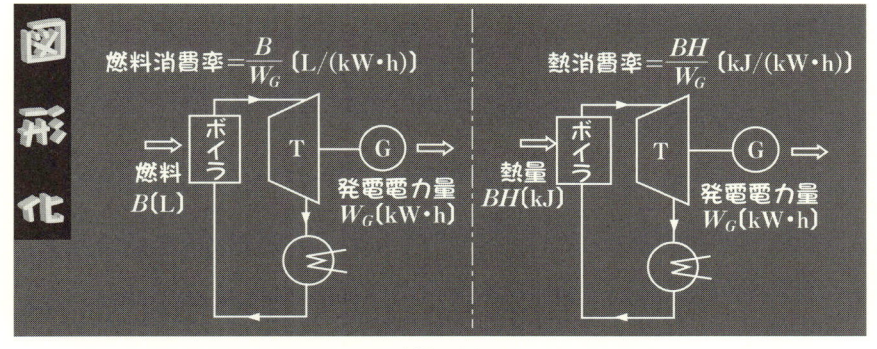

〔ボイラ〕→〔T〕→〔G〕⇒　燃料 B〔L〕　発電電力量 W_G〔kW·h〕

〔ボイラ〕→〔T〕→〔G〕⇒　熱量 BH〔kJ〕　発電電力量 W_G〔kW·h〕

――――●計算手順●――――

1 1日の発電電力量を求める．
$$W_G = 500 \times 24 = 12\,000 \text{〔MW·h〕} = 12 \times 10^6 \text{〔kW·h〕}$$

2 公式(1)を使って燃料消費率を求める．
$$f = \frac{B}{W_G} = \frac{2\,700 \times 10^3}{12 \times 10^6} = 0.225 \text{〔L/(kW·h)〕}$$

3 公式(3)を使って熱消費率を求める．
$$J = \frac{BH}{W_G} = \frac{2\,700 \times 10^3 \times 42\,000}{12 \times 10^6} = 9\,450 \text{〔kJ/(kW·h)〕}$$

●答● (1)

【類題】最大出力500〔MW〕の火力発電所で，発熱量37 800〔kJ/kg〕の重油を使用し発電端熱効率が40〔%〕であるという．この発電所の燃料消費率，熱消費率を求めよ．

【解答】公式(2)，(4)を用いる．

$$\text{燃料消費率} = \frac{3\,600}{\eta H} = \frac{3\,600}{0.14 \times 37\,800}$$
$$\fallingdotseq 0.238 \text{〔kg/(kW·h)〕}$$

$$\text{熱消費率} = \frac{3\,600}{\eta} = \frac{3\,600}{0.4} = 9\,000 \text{〔kJ/(kW·h)〕}$$

テーマ38 変圧器の並行運転に関する諸計算

●問 題●

下表の定格をもつ2台の変圧器A，Bを並行運転している場合，この変電所から供給できる最大負荷〔MV・A〕は，およそいくらか．正しい値を次のうちから選べ．ただし，各変圧器の抵抗とリアクタンスの比は等しいものとする．

変圧器	電圧〔kV〕	容量〔MV・A〕	%インピーダンス〔%〕
A	33/6.6	5	5.5
B	33/6.6	4	5.0

(1) 7.5　(2) 8.0　(3) 8.5　(4) 8.7　(5) 9.0

電気の公式

変圧器が問題に与えられた条件のほかに，極性が等しい，定格一次電圧と定格二次電圧が等しい，相回転と角変位が等しいなどの条件を満たしているものとする．

A変圧器およびB変圧器の負荷分担

$$S_a = \frac{\%Z_b'}{\%Z_a' + \%Z_b'} \times S, \quad S_b = \frac{\%Z_a'}{\%Z_a' + \%Z_b'} \times S$$

$\%Z_a'$，$\%Z_b'$：基準容量に変換したA変圧器およびB変圧器のパーセントインピーダンス〔%〕

S_a：A変圧器の負荷分担〔kV・A〕
S：負荷電力〔kV・A〕
S_b：B変圧器の負荷分担〔kV・A〕

数学の知識

逆比例配分の求め方

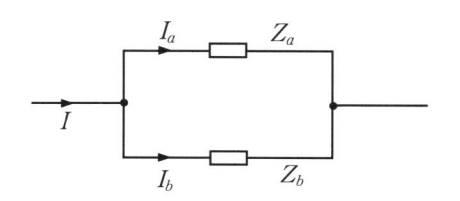

$$I_a = I \times \frac{\dfrac{1}{Z_a}}{\dfrac{1}{Z_a} + \dfrac{1}{Z_b}}$$

$$\therefore I_a = \frac{Z_b}{Z_a + Z_b} I$$

図形化

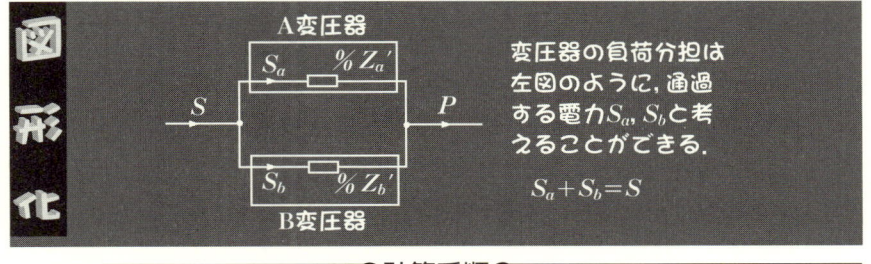

A変圧器 — S_a %Z_a'
B変圧器 — S_b %Z_b'
$S \rightarrow P$

変圧器の負荷分担は左図のように, 通過する電力 S_a, S_b と考えることができる.

$S_a + S_b = S$

●計算手順●

1 変圧器の%インピーダンスをどちらかの変圧器の定格（基準）容量に対する値に換算する．（変圧器Bの%インピーダンスを5〔MV・A〕基準の値に換算）

$$Z_B = 5.0 \times \frac{5}{4} = 6.25 (\%), \quad Z_A = 5.5 (\%)$$

2 変電所から供給できる最大負荷を S〔MV・A〕としたときのA変圧器およびB変圧器の負荷分担 S_A および S_B を求める．

$$S_A = \frac{6.25}{5.5 + 6.25} S_m \fallingdotseq 0.532 S_m \text{〔MV・A〕}$$

$$S_B = \frac{5.5}{5.5 + 6.25} S_m \fallingdotseq 0.468 S_m \text{〔MV・A〕}$$

3 分担負荷の比 S_B/S_A と変圧器容量の比を比較する．

$$\frac{S_B}{S_A} = \frac{0.468 S}{0.532 S} \fallingdotseq 0.880 > \frac{4}{5} = 0.8$$

分担負荷の比 S_B/S_A が容量比より大きいから，変圧器Bの分担量が容量比に比べ大きいことがわかる．

したがって，変電所負荷を増加していった場合，先に変圧器Bが定格に達する．

4 分担量の多い変圧器Bが定格に達したとき，変電所から供給できる最大負荷 S_m となることから，最大負荷 S_m を求める．

$$S_B = 0.468 S_m = 4 \text{〔MV・A〕}$$

$$\therefore \quad S_m = \frac{4}{0.468} \fallingdotseq 8.55 \text{〔MV・A〕}$$

●答● (3)

テーマ39 %インピーダンスと短絡電流等の計算

●問 題●

定格電圧154/66〔kV〕の三相変圧器の二次側で三相短絡事故が発生した場合の短絡電流〔A〕と変圧器二次側に設置する遮断器の遮断容量〔MV・A〕の組み合わせとして，正しいのは次のうちどれか．ただし，基準容量を10〔MV・A〕としたときの変圧器一次側（154〔kV〕側）より見た電源側の%インピーダンスは0.05〔%〕，変圧器の%インピーダンスは0.55〔%〕とし，各部における抵抗とリアクタンスの比は等しいものとする．

(1)　8 500, 5　　(2)　9 650, 60　　(3)　10 500, 20
(4)　13 500, 500　(5)　14 583, 2 000

電気の公式

(1) %インピーダンス

$$\%Z = \frac{SZ}{10V^2} \ (\%)$$

(2) 短絡電流

$$I_s = \frac{100 I_n}{\%Z} \ (A)$$

(3) 短絡容量

$$S_s = \frac{100 S}{\%Z} \ (kV \cdot A)$$

S：基準容量〔kV・A〕
Z：インピーダンス〔Ω〕
V：線間電圧〔V〕
I_s：短絡電流〔A〕
S_s：短絡容量〔kV・A〕
I_n：基準容量に対する電流〔A〕

(4) 遮断容量は短絡容量以上のものを選定する．

---数学の知識---

分数の性質を使った公式の導出

$S = \sqrt{3} V I_n$

$$\%Z = \frac{I_n Z \times 100}{(V \times 10^3)/\sqrt{3}} \ (\%) = \frac{\sqrt{3} I_n Z \times 100}{V \times 10^3} = \frac{\sqrt{3} I_n Z \times 100 \times (V \times 10^3)}{(V \times 10^3) \times (V \times 10^3)}$$

$$= \frac{\sqrt{3} I_n V Z \times 10^5}{V^2 \times 10^6} = \frac{SZ}{10 V^2} \ (\%)$$

図形化

変圧器一次側から電源側(発電機,送電線)をみた
インピーダンス図を描き,短絡点のI_s, S_sを考える.

%Z_1=0.05   %Z_2=0.55   (10〔MV・A〕基準)

I_s:短絡電流
S_s:短絡容量

抵抗とリアクタンスの比が等しい条件のとき,
合成%Z=%Z_1+%Z_2の計算ができる.

●計算手順●

1. 短絡点から電源側の合成%Zを求める.

   %Z=%Z_1+%Z_2=0.05+0.55=0.6〔%〕

2. 基準容量に対する電流I_nを求める.(66〔kV〕側電流)

   $$I_n = \frac{S}{\sqrt{3}V} = \frac{10\times10^6}{\sqrt{3}\times66\,000} \fallingdotseq 87.5 \text{〔A〕}$$

3. 短絡電流I_sを求める.

   $$I_s = \frac{100I_n}{\%Z} = \frac{100\times87.5}{0.6} \fallingdotseq 14\,583 \text{〔A〕}$$

4. 短絡容量S_sを求める.

   $$S_s = \frac{100S}{\%Z} = \frac{100\times10}{0.6} \fallingdotseq 1\,667 \text{〔MV・A〕}$$

短絡容量S_sは,次のように求めてもよい.

$$P_s = \sqrt{3}VI_s = \sqrt{3}\times66\times14.583$$
$$\fallingdotseq 1\,667 \text{〔MV・A〕}$$

遮断器の容量は1 667〔MV・A〕以上が必要である.

●答● (5)

テーマ40 送電線路の送電電圧に関する計算

●問 題●

こう長10〔km〕の三相1回線送電線の末端に，変圧比10：1の変圧器があって，これから供給される1 400〔kW〕，遅れ力率0.8の三相負荷がある．この負荷の端子電圧を6〔kV〕に保つために必要な送電端電圧〔V〕として正しい値は，次のうちどれか．ただし，線路の電線1条当たりの抵抗およびリアクタンスは，それぞれ0.15〔Ω/km〕および0.2〔Ω/km〕，また変圧器の抵抗およびリアクタンスは1相当たり，それぞれ一次側3〔Ω〕および6.2〔Ω〕，二次側0.18〔Ω〕および0.34〔Ω〕とし，他の回路定数は無視するものとする．

(1)　60 000　　(2)　61 260　　(3)　62 260
(4)　62 520　　(5)　63 260

電気の公式

(1) 電圧降下の略算式（三相3線式）

$$e \fallingdotseq \sqrt{3}I(R\cos\theta + X\sin\theta)\,\text{〔V〕}$$

(2) 送電端電圧 V_S〔V〕

$$V_S \fallingdotseq V_R + e\,\text{〔V〕}$$

(3) 線路電流

$$I = \frac{P}{\sqrt{3}V_R\cos\theta}\,\text{〔A〕}$$

R：1線の線路抵抗〔Ω〕，　X：1線の線路リアクタンス〔Ω〕
V_R：受電端電圧〔V〕，　$\cos\theta$：負荷力率，　P：負荷電力〔W〕

数学の知識

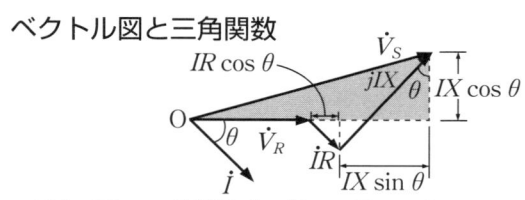

ベクトル図と三角関数

ピタゴラスの定理 $V_S{}^2 = (V_R + IR\cos\theta + IX\sin\theta)^2 + (IX\cos\theta)^2$

図形化

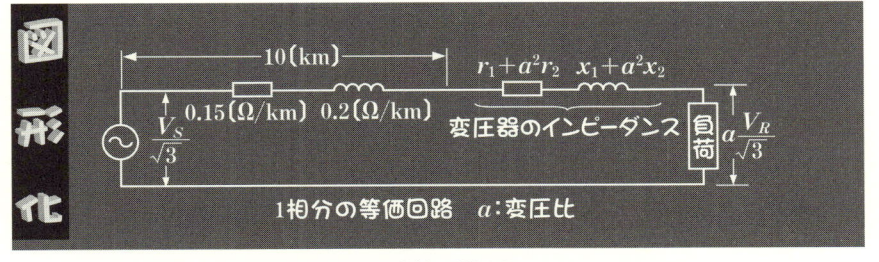

1相分の等価回路　a：変圧比

●計算手順●

▷1　変圧器の一次側に換算した抵抗およびリアクタンス

$R_t = r_1 + a^2 r_2 = 3 + 0.18 \times 10^2 = 21 \ [\Omega]$

$X_t = x_1 + a^2 x_2 = 6.2 + 0.34 \times 10^2 = 40.2 \ [\Omega]$

▷2　線路1条当たりの抵抗およびリアクタンスを求める．

$R_l = 0.15 \times 10 = 1.5 \ [\Omega]$

$X_l = 0.2 \times 10 = 2.0 \ [\Omega]$

▷3　特別高圧側の全インピーダンスを求める．

$R = R_t + R_l = 21 + 1.5 = 22.5 \ [\Omega]$

$X = X_t + X_l = 40.2 + 2.0 = 42.2 \ [\Omega]$

▷4　特別高圧側の受電端電圧および負荷電流を求める．

$V_R = a V_R = 6\,000 \times 10$

$\quad = 60\,000 \ [V]$

$I = \dfrac{P}{\sqrt{3} V_R \cos\theta} = \dfrac{1\,400 \times 10^3}{\sqrt{3} \times 60 \times 10^3 \times 0.8}$

$\quad = 16.8 \ [A]$

▷5　送電端電圧 $V_S \ [V]$ を求める．

$V_S = V_R + \sqrt{3} I (R \cos\theta + X \sin\theta)$

$\quad = 60\,000 + \sqrt{3} \times 16.8 \times (22.5 \times 0.8 + 42.2 \times 0.6)$

$\quad = 60\,000 + 1\,260$

$\quad = 61\,260 \ [V]$

●答●　(2)

テーマ41 最大負荷と電圧降下率に関する計算

●問　題●

電線1条当たりの抵抗が0.4〔Ω〕，リアクタンスが0.6〔Ω〕の三相3線式配電線路の末端に，力率60〔％〕（遅れ）の負荷がある．電圧降下率を10〔％〕以下に抑えるための最大負荷は何〔kW〕か．正しい値を次のうちから選べ．ただし，受電端電圧は，6 300〔V〕一定とする．

(1)　2 506　　(2)　2 818　　(3)　3 086
(4)　3 308　　(5)　3 518

電気の公式

(1) 電力損失率 = $\dfrac{電力損失}{受電端電力} \times 100$ 〔％〕

$= \dfrac{R(P^2 + Q^2)}{V_R^2 \cdot P} \times 100$ 〔％〕

(2) 電圧降下率 = $\dfrac{電圧降下}{受電端電圧} \times 100$ 〔％〕

$= \dfrac{RP + XQ}{V_R^2} \times 100$ 〔％〕

P：負荷の有効電力〔W〕　　Q：負荷の無効電力〔var〕
R：線路の抵抗〔Ω〕　　　　X：線路のリアクタンス〔Ω〕

数学の知識

不等式の性質

(1) $A \leq B$：AはBと等しいか，またはBより小さい．
(2) 不等式の両辺に，同じ正の数をかけても，両辺を同じ正の数で割っても，不等号の向きは変わらない．
(3) 不等式の両辺に，同じ負の数をかけたり，両辺を同じ負の数で割ったりすると，不等号の向きは逆になる．

図形化

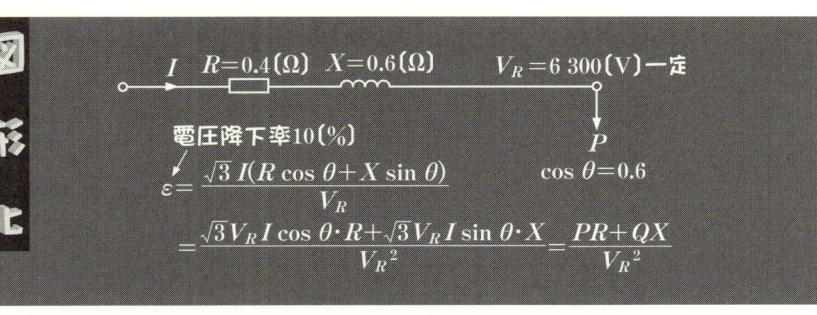

$I \quad R=0.4(\Omega) \quad X=0.6(\Omega) \quad V_R=6\,300(V)$ 一定

電圧降下率10(%)

$$\varepsilon = \frac{\sqrt{3}\,I(R\cos\theta + X\sin\theta)}{V_R}$$

$\cos\theta = 0.6$

$$= \frac{\sqrt{3}V_R I\cos\theta\cdot R + \sqrt{3}V_R I\sin\theta\cdot X}{V_R{}^2} = \frac{PR+QX}{V_R{}^2}$$

●計算手順●

1. 負荷の無効電力 Q を求める．

$$Q = P\frac{\sin\theta}{\cos\theta} = P\tan\theta$$

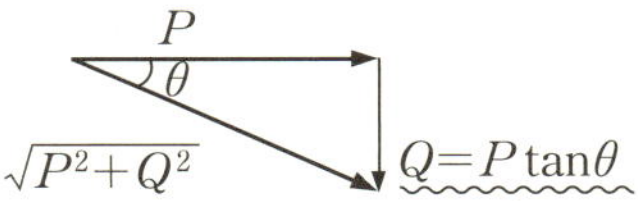

2. 電圧降下率の公式より

電圧降下率 $= \dfrac{RP+XQ}{V_R{}^2}$

$$= \frac{P(R+X\tan\theta)}{V_R{}^2} \leqq 0.1 \tag{1}$$

3. (1)式の両辺に，

$$\frac{V_R{}^2}{R+X\tan\theta}$$

をかけて，問題の数値を式に代入する．

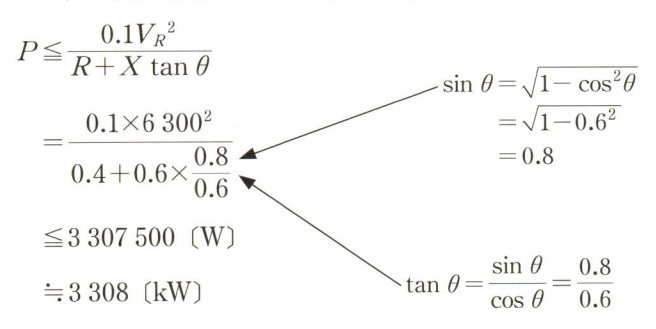

$$P \leqq \frac{0.1 V_R{}^2}{R+X\tan\theta}$$

$$= \frac{0.1 \times 6\,300^2}{0.4 + 0.6 \times \dfrac{0.8}{0.6}}$$

$$\leqq 3\,307\,500 \text{ (W)}$$

$$\fallingdotseq 3\,308 \text{ (kW)}$$

$\sin\theta = \sqrt{1-\cos^2\theta}$
$= \sqrt{1-0.6^2}$
$= 0.8$

$\tan\theta = \dfrac{\sin\theta}{\cos\theta} = \dfrac{0.8}{0.6}$

●答● (4)

テーマ42 最大電力と電力損失率に関する計算

●問　題●

こう長4〔km〕の三相3線式配電線路の末端に，負荷力率80〔%〕（遅れ）の負荷がある．負荷端の線間電圧を6 000〔V〕一定とするとき，電力損失率が10〔%〕以内となる範囲で供給できる最大電力〔kW〕として，正しいのは次のうちどれか．ただし，電線1条当たりの抵抗を0.8〔Ω/km〕，リアクタンスを0.4〔Ω/km〕とし，その他の定数は無視する．

(1)　360　　(2)　720　　(3)　900　　(4)　1 125　　(5)　2 880

電気の公式

(1) 線路の電力損失 p_l

$$p_l = P_S - P_R = 3I^2 r \ \text{〔W〕}$$

(2) 電力損失率 p

$$p = \frac{P_S - P_R}{P_R} \times 100 = \frac{p_l}{P_R} \times 100 \ \text{〔%〕}$$

P_S：送電端電力〔W〕，　　P_R：受電端電力〔W〕
I：線路電流〔A〕，　　　　θ：負荷力率角
r：線路1条の抵抗〔Ω〕

数学の知識

(1) 比例式　$I = \dfrac{P_R}{\sqrt{3}V_R \cos\theta} \propto P_R$，　　$p_l = 3I^2 r \propto P_R{}^2$

(2) 最大電力のグラフ

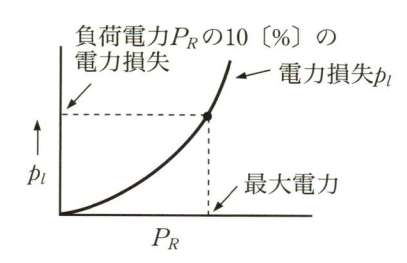

負荷電力 P_R の10〔%〕の電力損失 ←電力損失 p_l

←最大電力

p_l

P_R

図形化

```
    ←――――――― 4 (km) ―――――――→
    0.8 (Ω/km)   0.4 (Ω/km)      6 000 (V) 一定
  ○――――□―――――∿∿∿―――――――○
            →
            I                    P_R
                            cos θ = 0.8 (遅れ)
  電力損失10(%)以内
  リアクタンスは電力損失の
  計算には無関係
```

●計算手順●

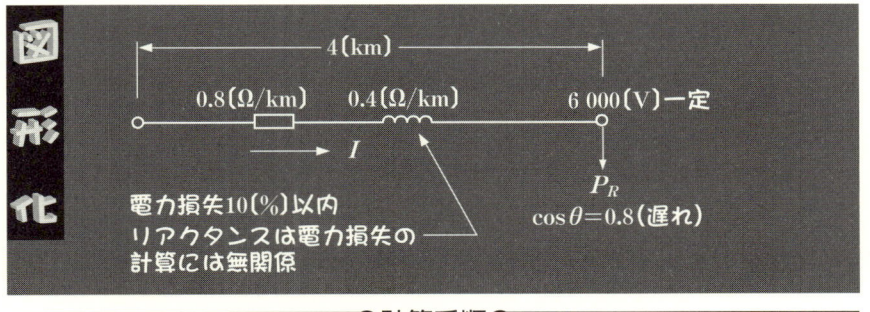

▷1 負荷電流 I を求める．

$$I = \frac{P_R}{\sqrt{3} V_R \cos \theta} \text{ (A)}$$

▷2 線路の電力損失 p_l を求める．

$$p_l = 3I^2 r = 3 \times \left(\frac{P_R}{\sqrt{3} V_R \cos \theta}\right)^2 r$$

$$= \frac{P_R^2 r}{V_R^2 \cos^2 \theta} \text{ (W)}$$

▷3 電力損失率 p を求める．

$$p = \frac{p_l}{P_R} \times 100 = \frac{P_R r}{V_R^2 \cos^2 \theta} \times 100 \text{ (%)}$$

▷4 上式に問題の数値を代入して，P_R を求める．

$$P_R = \frac{p V_R^2 \cos^2 \theta}{100 r}$$

$$= \frac{10 \times 6\,000^2 \times 0.8^2}{100 \times 0.8 \times 4}$$

$$= 7.2 \times 10^5 \text{ (W)}$$

$$= 720 \text{ (kW)}$$

●答● (2)

テーマ43 線路損失とコンデンサ容量の計算

●問　題●

ある三相3線式配電線路の末端にP〔kW〕，力率80〔%〕（遅れ）の負荷が設置されている．線路損失を20〔%〕低減するために必要な電力用コンデンサの容量〔kvar〕として，正しいのは次のうちどれか．ただし，受電端電圧は一定とする．

(1)　$0.2P$
(2)　$0.25P$
(3)　$0.3P$
(4)　$0.5P$
(5)　$0.75P$

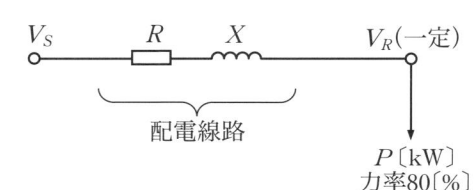

電気の公式

(1) 線路損失 p_l

$$p_l = \frac{R(P^2+Q^2)}{V_R^2} \text{〔W〕}$$

(2) コンデンサ設置時の線路損失 p_l'

$$p_l' = \frac{R\{P^2+(Q-Q_C)^2\}}{V_R^2} \text{〔W〕}$$

(3) 線路損失改善率

$$\frac{p_l - p_l'}{p_l} = \frac{Q_C(2Q-Q_C)}{P^2+Q^2}$$

P：負荷の有効電力〔W〕，　Q：負荷の無効電力〔var〕
Q_C：コンデンサ容量〔var〕

数学の知識

二次方程式の解

$ax^2+bx+c=0$ の解は，根の公式で求める．

$$x = \frac{-b \pm \sqrt{b^2-4ac}}{2a}$$

図形化

(1) 回路図 　　　　(2) ベクトル図

●計算手順●

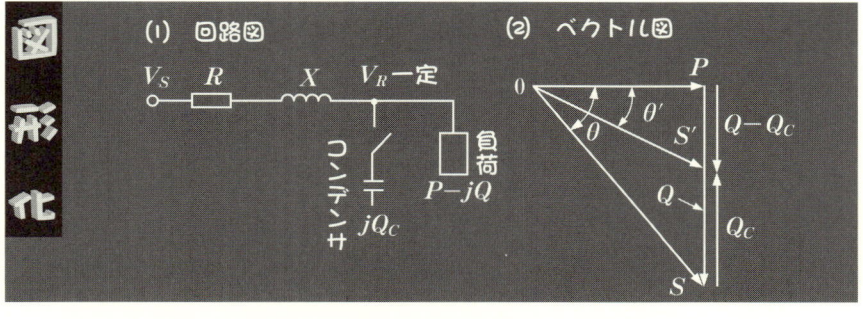

▷1 電流は皮相電力 S に比例する．

▷2 力率改善前の無効電力 Q を求める．
$$S^2 = P^2 + Q^2 \tag{1}$$
$$Q = S\sin\theta = \sqrt{1-0.8^2}\,S = 0.6S \tag{2}$$

▷3 コンデンサ設置時の線路損失改善率の公式
$$\frac{p_l - p_l'}{p_l} = \frac{Q_C(2Q - Q_C)}{P^2 + Q^2} \tag{3}$$

▷4 (3)式に(1), (2)式ならびに題意の条件を代入する．
$$\frac{Q_C(1.2S - Q_C)}{S^2} = 0.2 \tag{4}$$

▷5 (4)式を整理して，コンデンサ容量 Q_C を求める．
$$Q_C{}^2 - 1.2SQ_C + 0.2S^2 = 0 \quad\longleftarrow\text{ 二次方程式の根の公式を使う}$$
$$\therefore\ Q_C = \frac{1.2S \pm \sqrt{(1.2S)^2 - 4\times 0.2S^2}}{2}$$
$$= 0.6S \pm \sqrt{(0.6S)^2 - 0.2S^2} = 0.6S \pm 0.4S$$
$Q_C = 0.6S + 0.4S = S$（不適切），$Q_C = 0.6S - 0.4S = 0.2S$

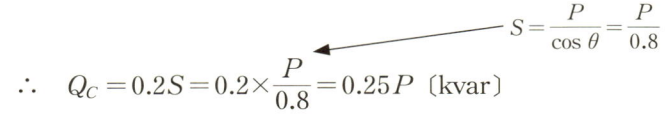

$$S = \frac{P}{\cos\theta} = \frac{P}{0.8}$$

$$\therefore\ Q_C = 0.2S = 0.2 \times \frac{P}{0.8} = 0.25P\ \text{〔kvar〕}$$

●答● (2)

テーマ44 線路損失率と電線の太さの計算

●問　題●

こう長5〔km〕，三相3線式配電線路の末端に1 800〔kW〕，力率60〔%〕（遅れ）の負荷がある．電力損失率を10〔%〕以内に押えるためには電線の断面積を最低何〔mm²〕とすべきか．正しい値を次のうちから選べ．

ただし，受電端電圧を6 000〔V〕，電線の抵抗率を1/55〔Ω·mm²/m〕とし，また，電線の抵抗とリアクタンスは等しいものとする．

(1)　100　　(2)　116　　(3)　126　　(4)　136　　(5)　146

電気の公式

電力損失率 p をある値 p_s にするための電線の太さ

(1) 電力損失率： $p = \dfrac{R(P^2+Q^2)}{V_R^2 P} \times 100 \leq p_s$

(2) 電線抵抗： $R \leq \dfrac{p_s P V_R^2}{100(P^2+Q^2)}$，また，$R = \rho \dfrac{l}{A}$

(3) 電線太さ： $A \geq \dfrac{100\rho l(P^2+Q^2)}{p_s P V_R^2} \geq \dfrac{100\rho l P}{p_s V_R^2 \cos^2\theta}$

数学の知識

(1) **不等式**

　　$A \geq B$

不等式の両辺に同じ正の数をかけても，両辺を同じ正の数でわっても，不等号の向きは変わらない．

(2) **比例式**

　　$R \propto \dfrac{l}{A}$　　R は l に比例し，A に反比例する．

図形化

(1) 系統図

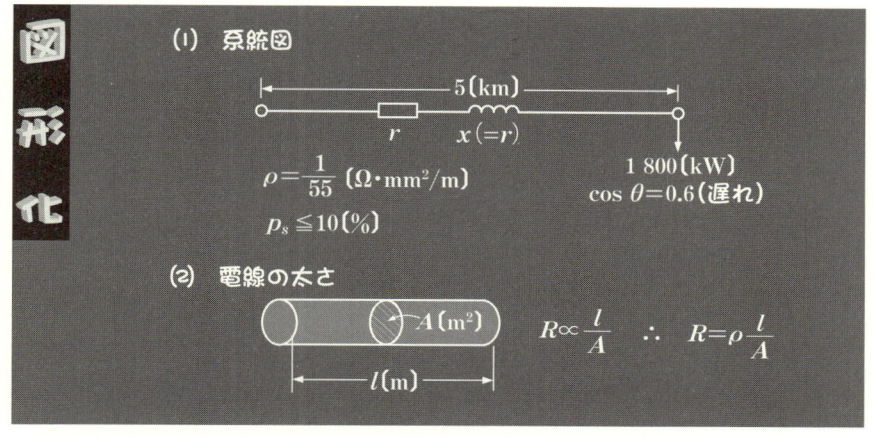

- 5 [km]
- r, $x(=r)$
- $\rho = \dfrac{1}{55}\ [\Omega \cdot mm^2/m]$
- $p_s \leq 10\ [\%]$
- 1 800 [kW]
- $\cos\theta = 0.6$ (遅れ)

(2) 電線の太さ

$A\ [m^2]$, $l\ [m]$

$R \propto \dfrac{l}{A}$ ∴ $R = \rho \dfrac{l}{A}$

●計算手順●

公式に数値を代入すれば求まる．

$$A \geq \dfrac{100\rho l P}{p_s V_R^{\,2} \cos^2\theta}$$

$$\geq \dfrac{100 \times \dfrac{1}{55} \times 5\,000 \times 1\,800 \times 10^3}{10 \times (6\,000)^2 \times 0.6^2}$$

$$\geq \dfrac{9.09 \times 1.8 \times 10^9}{1.296 \times 10^8} \fallingdotseq 126\ [mm^2]$$

●答● (3)

【類題】 送電端電圧6 600 [V]，こう長3 [km]の三相3線式配電線路によって負荷電力2 000 [kW]，力率0.8（遅れ）の負荷に電気を供給するとき，電圧降下を400 [V] 以内とするための電線の最小太さ [mm²] として，正しいのは，次のうちどれか．ただし，電線には硬銅線（長さ1 [m]，断面積1 [mm²] の抵抗は1/55 [Ω] とする）を使用するものとし，線路のリアクタンスは無視する．

(1) 30　　(2) 34　　(3) 38　　(4) 40　　(5) 44

●答● (5)

テーマ45 送電線のたるみと実長の計算

●問　題●

径間50〔m〕で，たるみ1〔m〕に架線した架空電線路がある．大気の温度が35〔℃〕降下した場合，この線路のたるみ〔m〕はいくらになるか．正しい値を次のうちから選べ．ただし，電線の膨張係数は1〔℃〕につき0.000017とし，張力による電線の伸縮は無視するものとする．

(1)　0.66　　(2)　0.72　　(3)　0.78　　(4)　0.84　　(5)　0.90

電気の公式

(1) 電線のたるみ

$$D = \frac{WS^2}{8T} \text{〔m〕}$$

(2) 電線の実長

$$L = S + \frac{8D^2}{3S} \text{〔m〕}$$

S：径間〔m〕，　　D：たるみ〔m〕
T：電線の水平張力〔N〕
W：電線の質量による1〔m〕当たりの荷重〔N/m〕

数学の知識

たるみと径間および実長の関係

$$L = S + \frac{8D^2}{3S}$$

$$\therefore \quad D = \sqrt{\frac{3S(L-S)}{8}}$$

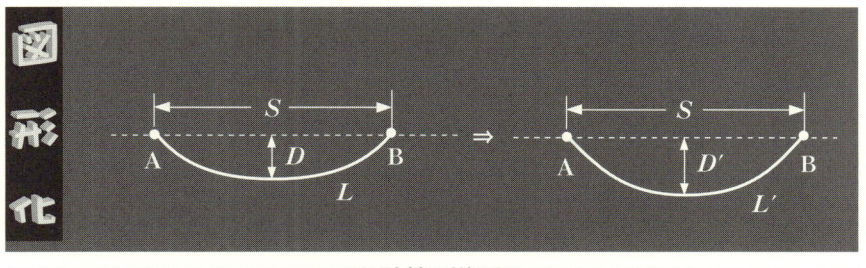

●計算手順●

1. 大気の温度が降下する前の電線実長 L を求める．

$$L = S + \frac{8D^2}{3S} = 50 + \frac{8 \times 1^2}{3 \times 50} \fallingdotseq 50.0533 \text{ [m]}$$

2. 大気の温度が 35 [℃] 降下した場合の電線実長 L' を求める．

$$L' = 50.0533 \times (1 - 0.000017 \times 35) \fallingdotseq 50.0235 \text{ [m]}$$

3. 大気の温度が 35 [℃] 降下した場合の電線のたるみ D' を求める式をつくる．

$$L' = S + \frac{8D'^2}{3S}$$

$$8D'^2 = 3S(L' - S)$$

$$D' = \sqrt{\frac{3S(L' - S)}{8}}$$

4. 電線のたるみ D' に与えられた値を代入して計算する．

$$D' = \sqrt{\frac{3 \times 50 \times (50.0235 - 50)}{8}} \fallingdotseq 0.664 \text{ [m]}$$

●答● (1)

テーマ46 配電方式による諸量の比較計算

●問 題●

送電電力，負荷の力率，送電距離および電力損失が等しいとき，100/200〔V〕単相3線式の所要電線量総量は，100〔V〕単相2線式の何倍か．正しい値を次のうちから選べ．ただし，単相3線式と単相2線式とで，同じ材質の電線を用いるものとし，また，単相3線式の中性線と外線の太さは同じとする．

(1) $\dfrac{1}{2}$ (2) $\dfrac{1}{3}$ (3) $\dfrac{2}{3}$ (4) $\dfrac{3}{4}$ (5) $\dfrac{3}{8}$

電気の公式

単相2線式および三相3線式の線間電圧を V，単相3線式の外線間電圧を $2V$ とし，単相2線式，三相3線式および単相3線式の1線の抵抗をそれぞれ，R_{12}, R_{33} および R_{13} とする．

(1) 線路損失 p_l，線路電流 I

① 単相2線式
$$p_{l12} = 2I_{12}^2 R_{12} = \frac{2P^2 R_{12}}{V^2 \cos^2\theta} \text{〔W〕} \qquad I_{12} = \frac{P}{V\cos\theta}$$

② 三相3線式
$$p_{l33} = 2I_{33}^2 R_{33} = \frac{P^2 R_{33}}{V^2 \cos^2\theta} \text{〔W〕} \qquad I_{33} = \frac{P}{\sqrt{3}V\cos\theta}$$

③ 単相3線式
$$p_{l13} = 2I_{13}^2 R_{13} = \frac{P^2 R_{13}}{2V^2 \cos^2\theta} \text{〔W〕} \qquad I_{13} = \frac{P}{2V\cos\theta}$$

(2) 電線断面積と抵抗の関係
$$R \propto \frac{l}{A}$$

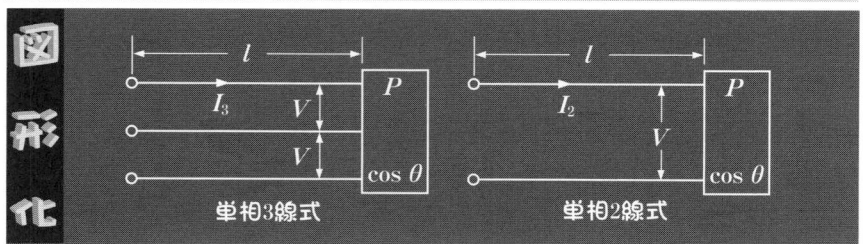

図形化

単相3線式 / 単相2線式

●計算手順●

▶1 単相3線式送電線1線の抵抗をR_3〔Ω〕，単相2線式送電線1線の抵抗をR_2〔Ω〕とする．また，単相3線式の中性線電流を0とし，送電電力をP〔W〕，力率を$\cos\theta$とする．

100/200〔V〕単相3線式送電線および100〔V〕単相2線式送電線の線電流I_3およびI_2を求める．

$$I_3 = \frac{P}{200\cos\theta} \text{〔A〕}, \quad I_2 = \frac{P}{100\cos\theta} \text{〔A〕}$$

▶2 単相3線式送電線および単相2線式送電線の送電損失P_{l3}およびP_{l2}を求める．

$$P_{l3} = 2R_3 I_3^2 = 2R_3 \cdot \frac{P^2}{200^2\cos^2\theta} = \frac{2R_3 P^2}{200^2\cos^2\theta} \text{〔W〕}$$

$$P_{l2} = 2R_2 I_2^2 = 2R_2 \cdot \frac{P^2}{100^2\cos^2\theta} = \frac{2R_2 P^2}{100^2\cos^2\theta} \text{〔W〕}$$

▶3 $P_{l3} = P_{l2}$の関係より，抵抗比R_2/R_3を求める．

$$\frac{2R_3 P^2}{200^2\cos^2\theta} = \frac{2R_2 P^2}{100^2\cos^2\theta}$$

$$\frac{R_2}{R_3} = \frac{100^2}{200^2} = \frac{1}{4}$$

▶4 送電距離をl，電線の抵抗率をρとして，単相3線式送電線1線および単相2線式送電線1線の電線断面積をA_3およびA_2を求める．

$$\frac{R_2}{R_3} = \frac{\rho\dfrac{l}{A_2}}{\rho\dfrac{l}{A_3}} = \frac{A_3}{A_2} = \frac{1}{4}$$

▶5 電線数を考慮して，単相3線式送電線および単相2線式送電線の銅量w_3およびw_2の比w_3/w_2を求める．

$$\frac{w_3}{w_2} = \frac{3A_3 l}{2A_2 l} = \frac{3}{2} \times \frac{A_3}{A_2} = \frac{3}{2} \times \frac{1}{4} = \frac{3}{8}$$

●答● (5)

テーマ47 単相3線式配電線路の諸計算

●問　題●

図のような単相3線式配電線路において，線路の電力損失 p_l〔W〕および点aO間の電圧 V〔V〕の組み合わせとして，適当なのは次のうちどれか．ただし，負荷力率は100〔%〕とし，変圧器の損失，インピーダンス，線路のリアクタンスは無視する．

(1)　$p_l=840$,　$V=95$　　(2)　$p_l=840$,　$V=93$
(3)　$p_l=840$,　$V=99$　　(4)　$p_l=1\,680$,　$V=93$
(5)　$p_l=1\,680$,　$V=99$

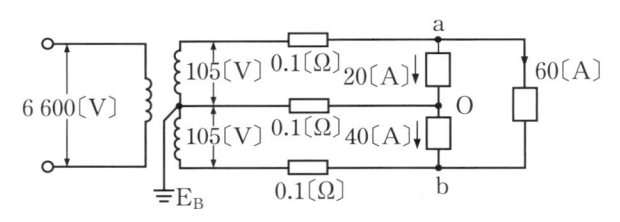

キルヒホッフの法則

① 第1法則：回路網の任意の接続点に流入（または流出）する電流の総和は0である．

② 第2法則：回路網の任意の閉回路において，ある方向にとった起電力の代数和は，その方向の電圧降下の代数和に等しい．

数学の知識

連立方程式の解き方　下記の方法がある．
(a)　代入法：代入して未知数を消去して計算する方法．
(b)　加減法：未知数を加減して消去する方法．
(c)　等置法：等しい未知数を等式にして消去する方法．

図形化

[図: 6600〔V〕電源、変圧器二次側105〔V〕×2、$I_{21}=80$〔A〕、$r=0.1〔Ω〕$、$I_n=20$〔A〕、$r=0.1〔Ω〕$、$I_{22}=100$〔A〕、$r=0.1〔Ω〕$、負荷 20〔A〕、60〔A〕、40〔A〕、電圧V、たどる方向]

●計算手順●

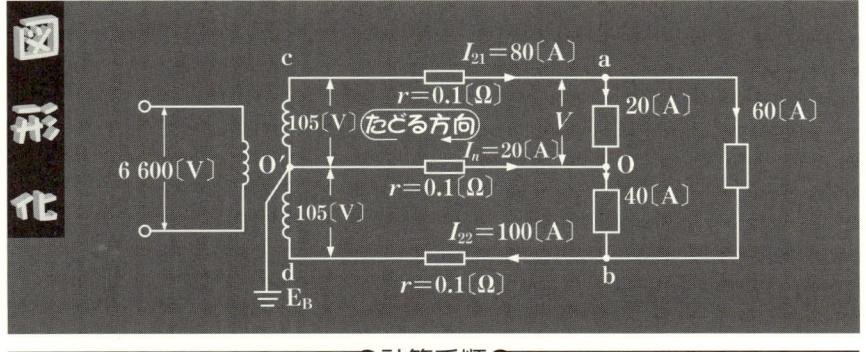

1 キルヒホッフの第1法則により，各線路電流 I_{21}, I_n, I_{22} を求める．

　a点：$I_{21} = 20 + 60 = 80$〔A〕

　O点：$I_n = 40 - 20 = 20$〔A〕

　b点：$I_{22} = 40 + 60 = 100$〔A〕

2 図において，aOO'cの閉回路に，キルヒホッフの第2法則を適用する．

$$rI_{21} - rI_n = 105 - V$$
$$V = 105 - rI_{21} + rI_n$$
$$= 105 - 0.1 \times 80 + 0.1 \times 20$$
$$= 99 〔V〕$$

3 線路の電力損失 P_l を求める．

$$P_l = I_{21}^2 r + I_{22}^2 r + I_n^2 r$$
$$= (80)^2 \times 0.1 + (100)^2 \times 0.1 + (20)^2 \times 0.1$$
$$= 640 + 1\,000 + 40$$
$$= 1\,680 〔W〕$$

●答● (5)

テーマ48 電圧降下と電圧変動率の計算

●問 題●

電線1条当たりの抵抗が5〔Ω〕，リアクタンスが20〔Ω〕なる三相3線式送電線がある．受電端における電圧および負荷の遅れ力率0.9を一定とし，線路の電圧変動率を20〔％〕，および10〔％〕とするときにおいて，電圧降下の比の値として正しいのは次のうちどれか．

(1) 1.2　　(2) 1.5　　(3) 2.0　　(4) 2.3　　(5) 2.5

電気の公式

(1) 送電端電圧

$$\dot{V}_S = \dot{V}_R + \sqrt{3}I(\cos\theta - j\sin\theta)(R + jX) \text{〔V〕}$$

〔略算公式〕

$$V_S \fallingdotseq V_R + \sqrt{3}I(R\cos\theta + X\sin\theta) \text{〔V〕} \quad ①$$

(2) 電圧変動率

$$\varepsilon = \frac{V_S - V_R}{V_R} \times 100 \text{〔％〕} \quad ②$$

V_S, V_R：送電端および受電端線間電圧〔V〕
I：線路電流〔A〕
R, X：線路の抵抗およびリアクタンス〔Ω〕
θ：力率角

数学の公式

複素数の絶対値

$\dot{Z} = a + jb$，絶対値 $|\dot{Z}| = \sqrt{a^2+b^2}$，$|\dot{Z}|^2 = a^2 + b^2$

$\dot{V}_S = \dot{V}_R + \sqrt{3}I(R\cos\theta + X\sin\theta)$
$\qquad + j\sqrt{3}I(X\cos\theta - R\sin\theta)$　の絶対値

$V_S{}^2 = \{V_R + \sqrt{3}I(R\cos\theta + X\sin\theta)\}^2$
$\qquad + \{\sqrt{3}I(X\cos\theta - R\sin\theta)\}^2$

図形化

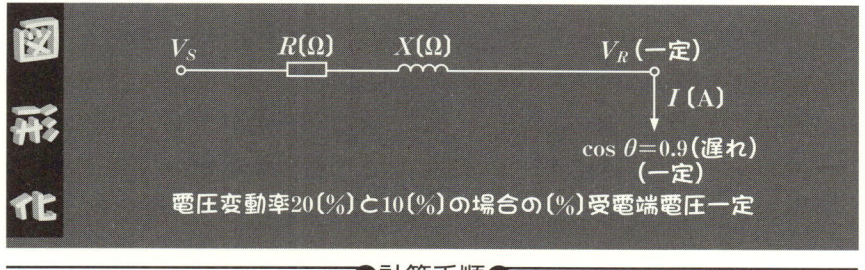

V_S ―[$R(\Omega)$]―⟨$X(\Omega)$⟩― V_R (一定)
↓ I (A)
$\cos\theta = 0.9$ (遅れ)(一定)

電圧変動率20〔%〕と10〔%〕の場合の〔%〕受電端電圧一定

━━━━●計算手順●━━━━

▷1 電圧変動率の公式より，送電端電圧を求める．

$$\varepsilon = \frac{V_S - V_R}{V_R} \times 100 \text{〔%〕より，} \quad V_S = \left(1 + \frac{\varepsilon}{100}\right) V_R$$

▷2 送電端電圧の公式に，上式を代入する．

$$\left(1 + \frac{\varepsilon}{100}\right) V_R = V_R + \sqrt{3} I (R\cos\theta + X\sin\theta) \qquad ①$$

▷3 $\varepsilon = 20$〔%〕の場合の I を I_{20}，$\varepsilon = 10$〔%〕のそれを I_{10} とし，与えられた数値を①式に代入し，整理すると次式となる．

(a) $\varepsilon = 20$〔%〕のとき

$$\left(1 + \frac{20}{100}\right) V_R = V_R + \sqrt{3} I_{20} (R\cos\theta + X\sin\theta) \qquad ②$$

(b) $\varepsilon = 10$〔%〕のとき

$$\left(1 + \frac{10}{100}\right) V_R = V_R + \sqrt{3} I_{10} (R\cos\theta + X\sin\theta) \qquad ③$$

▷4 ②式と③式の比を計算する．

$$\frac{\sqrt{3} I_{20} (R\cos\theta + X\sin\theta)}{\sqrt{3} I_{10} (R\cos\theta + X\sin\theta)} = \frac{(1.2-1)V_R}{(1.1-1)V_R} \qquad ④$$

▷5 力率および受電端電圧一定で，電圧降下は電流に比例する．④式より，次式のようになる．

$$\therefore \quad \frac{v_{20}}{v_{10}} = \frac{I_{20}}{I_{10}} = \frac{2}{1} = 2$$

●答● (3)

テーマ49 ループ配電方式に関する諸計算

●問 題●

図のように，2系統の6 600〔V〕の母線から環状線路に電気を供給している．需要点A，Bにおける電圧の値として，正しいものを組み合わせたのは，次のうちどれか．ただし，配電線は30〔mm²〕の硬銅線を使用し，電源のインピーダンスおよび母線の位相差は無視するものとする．また，負荷は無誘導負荷とし，硬銅線の抵抗は1〔mm²〕，1〔m〕当たり1/58〔Ω〕とする．

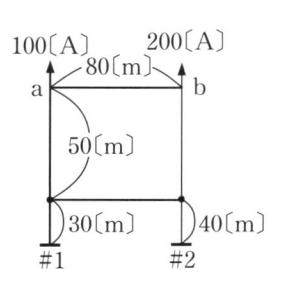

(1) $V_A = 6\,486$, $V_B = 6\,520$
(2) $V_A = 6\,589$, $V_B = 6\,520$
(3) $V_A = 6\,580$, $V_B = 6\,486$
(4) $V_A = 6\,486$, $V_B = 6\,486$
(5) $V_A = 6\,589$, $V_B = 6\,586$

電気の公式

キルヒホッフの法則

① 第1法則：回路網の任意の接続点に流入（または流出）する電流の総和は0である．

② 第2法則：回路網の任意の閉回路において，ある方向にとった起電力の代数和は，その方向の電圧降下の代数和に等しい．

数学の知識

連立方程式の解き方 次の方法がある．

(a) 代入法：代入して未知数を消去して計算する方法．
(b) 加減法：未知数を加減して消去する方法．
(c) 等置法：未知数を等式に置いて消去する方法．

図形化

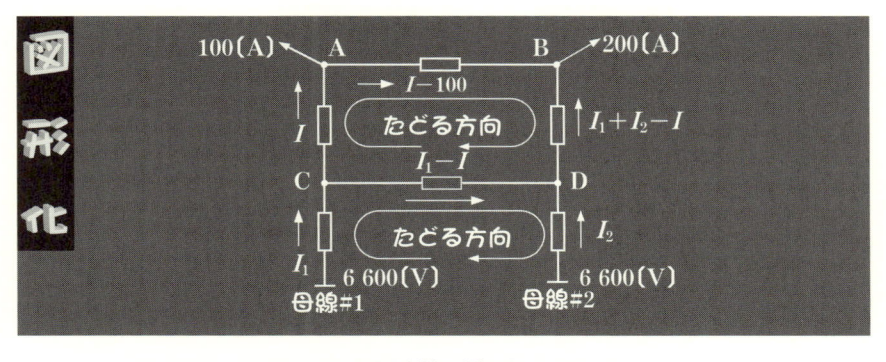

(図: 配電線路 A—B, C—D, 母線#1, 母線#2, 100[A], 200[A], I, $I-100$, I_1-I, I_1+I_2-I, I_2, I_1, 6 600[V], たどる方向)

━━━━●計算手順●━━━━

1 各配電線路の抵抗を求める．

$$R_{AB}=R_{CD}=\rho\frac{l}{S}=\frac{1}{58}\times\frac{80}{30}=0.046\,[\Omega]$$

以下同様に求める．

$R_{AC}=R_{BD}=0.0287\,[\Omega]$，$R_{D2}=0.023\,[\Omega]$

$R_{C1}=0.0172\,[\Omega]$

2 キルヒホッフの第1法則より，

$I_1+I_2=100+200=300\,[A]$

3 キルヒホッフの第2法則より，

$R_{C1}I_1+R_{CD}(I_1-I)-R_{D2}I_2=6\,600-6\,600$　　①

$R_{AC}I+R_{AB}(I-100)-R_{BD}(I_1+I_2-I)-R_{CD}(I_1-I)=0$　　②

①式および②式に，数値を代入し整理する．

$I_1=152.3\,[A]$，$I_2=147.7\,[A]$，$I=135.4\,[A]$

4 $V_A=6\,600-\sqrt{3}\,(R_{C1}I_1+R_{AC}I)$

$=6\,600-\sqrt{3}\,(0.0172\times152.3+0.0287\times135.4)$

$=6\,589\,[V]$

$V_B=6\,600-\sqrt{3}\,\{R_{D2}I_2+R_{BD}(I_1+I_2-I)\}$

$=6\,600-\sqrt{3}\,\{0.023\times147.7+0.0287(300-135.4)\}$

$=6\,586\,[V]$

●答● (5)

テーマ50 母線電圧と短絡電流に関する諸計算

●問題●

ある変電所に設置された66/6.9〔kV〕, 20〔MV・A〕の三相変圧器が無負荷のとき, その6.9〔kV〕母線につながれた高圧配電線の一つが, 変電所から3〔km〕の点で三相短絡を起こした. 短絡前に6.9〔kV〕であった母線電圧は, この瞬間いくらに低下するか. 正しい値を次のうちから選べ. ただし, 高圧側から見た変圧器1相当たりのインピーダンスは, $j0.35$〔Ω〕, 配電線路のインピーダンスは, 1相当たり$j0.38$〔Ω/km〕で, 66〔kV〕側のインピーダンスは無視する.

(1) 5 279 (2) 5 357 (3) 5 557 (4) 5 757 (5) 5 957

電気の公式

短絡電流: $I_s = \dfrac{V_n}{\sqrt{3}Z} = \dfrac{100}{\%Z} \times I_n$ 〔A〕

ただし, $Z = \sqrt{r^2 + x^2}$ 〔Ω〕, $\%Z = \sqrt{(\%r)^2 + (\%x)^2}$ 〔%〕

V_n: 線間電圧〔V〕
r: 変圧器を含む短絡点までの合成抵抗〔Ω〕
x: 変圧器を含む短絡点までの合成リアクタンス〔Ω〕
$\%r$: 変圧器を含む短絡点までの合成%抵抗〔%〕
$\%x$: 変圧器を含む短絡点までの合成%リアクタンス〔%〕
I_n: 定格電流(基準容量に対する)〔A〕

|数学の知識|

① 比例式 $V : (\dot{Z}_1 + \dot{Z}_2) = \dot{V}_B : \dot{Z}_2$

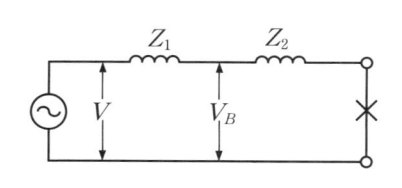

② $\dot{Z} = \dfrac{a + jb}{c + jd}$ の絶対値

$|\dot{Z}| = \dfrac{\sqrt{a^2 + b^2}}{\sqrt{c^2 + d^2}}$

図形化

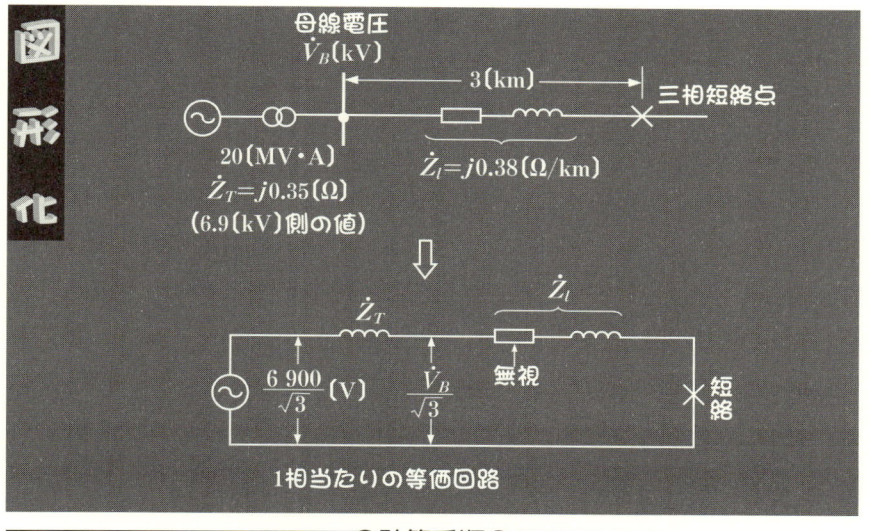

母線電圧 $\dot{V}_B$(kV)、3(km)、三相短絡点
20(MV・A)、$\dot{Z}_T = j0.35$(Ω)(6.9(kV)側の値)、$\dot{Z}_l = j0.38$(Ω/km)

1相当たりの等価回路: $\dfrac{6\,900}{\sqrt{3}}$(V)、$\dot{Z}_T$、$\dot{Z}_l$(無視)、$\dfrac{\dot{V}_B}{\sqrt{3}}$、短絡

●計算手順●

▶1 線路のインピーダンスを求める．ただし，抵抗は問題に与えられていないので無視する．

$$\dot{Z}_l = j0.38 \times 3 = j1.14 \; [\Omega]$$

▶2 故障時の母線電圧 V_B を求める．式は，分圧の公式より，次式のようになる．

$$\frac{\dot{V}_B}{\sqrt{3}} = \frac{\dot{Z}_l}{\dot{Z}_T + \dot{Z}_l} \cdot \frac{\dot{V}}{\sqrt{3}}$$

▶3 両辺を $\sqrt{3}$ 倍して，問題の数値を代入する．

$$\dot{V}_B = \frac{j1.14}{j0.35 + j1.14} \times 6\,900$$

$$|\dot{V}_B| = \frac{1.14}{1.49} \times 6\,900 = 0.765 \times 6\,900$$

$$\fallingdotseq 5\,279 \; [V]$$

●答● (1)

テーマ51 配電線路の昇圧器に関する諸計算

●問 題●

変圧比6 300/210〔V〕，容量5〔kV・A〕の単相変圧器3台を用い，辺延長△結線昇圧器として，電圧を昇圧し負荷に供給する．昇圧前の線間電圧を6 300〔V〕とするとき，最大何〔kV・A〕まで供給することができるか．ただし，$\sqrt{993}=31.5$と計算すること．正しい値を次のうちから選べ．

(1) 93　　(2) 164　　(3) 180　　(4) 273　　(5) 365

電気の公式

(1) 辺延長△結線昇圧器の昇圧後の電圧

$$V_2 = \frac{V_1\sqrt{n^2+3n+3}}{n} \text{〔V〕} \quad n：変圧比$$

(2) 昇圧器1台の自己容量

$$W_S = e_2 I_2 \times 10^{-3} \text{〔kV・A〕}$$

(3) 通過容量（線路容量）

$$W_L = \sqrt{3} V_2 I_2 \times 10^{-3} \text{〔kV・A〕}$$

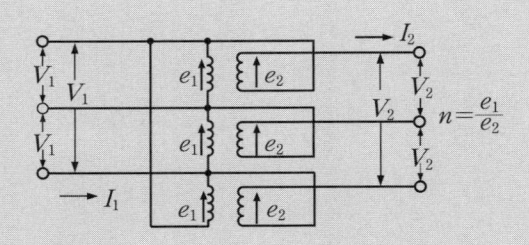

数学の知識

(1) 三平方の定理（ピタゴラスの定理）

$c = \sqrt{a^2+b^2}$

(2) 余弦法則

$b^2 = a^2 + c^2 - 2ac\cos\theta$

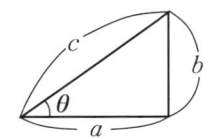

図形化

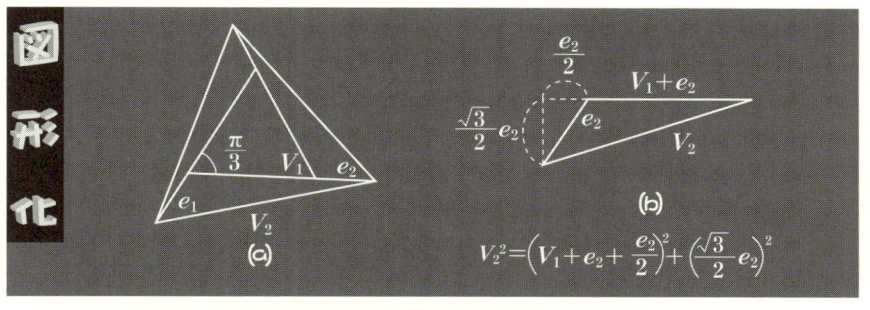

(a) 図: $\frac{\pi}{3}$, V_1, e_2, e_1, V_2

(b) 図: $\frac{e_2}{2}$, $\frac{\sqrt{3}}{2}e_2$, V_1+e_2, V_2

$$V_2^2 = \left(V_1 + e_2 + \frac{e_2}{2}\right)^2 + \left(\frac{\sqrt{3}}{2}e_2\right)^2$$

●計算手順●

1. 公式から昇圧後の電圧 V_2 を求める．

$$V_2 = \frac{V_1\sqrt{n^2+3n+3}}{n}, \quad n = \frac{e_1}{e_2} = \frac{V_1}{e_2} = \frac{6\,300}{210} = 30$$

$$V_2 = \frac{6\,300 \times \sqrt{30^2+3\times30+3}}{30} = 210 \times 31.5 \,\text{(V)}$$

2. 単相変圧器の定格電流 I_2 を求める．

$$I_2 = \frac{5\times10^3}{210} \,\text{(A)}$$

3. 通過容量 W_L を求める．

$$W_L = \sqrt{3}V_2 I_2 = 1.73 \times 210 \times 31.5 \times \frac{5\times10^3}{210}$$

$$= 54.5 \times 5 \times 10^3 = 272\,500 \,\text{(V·A)}$$

$$= 273 \,\text{(kV·A)}$$

●答● (4)

【公式導出過程】 (b)図にピタゴラスの定理を適用する．

$$V_2^2 = \left(\frac{\sqrt{3}}{2}e_2\right)^2 + \left(V_1 + e_2 + \frac{e_2}{2}\right)^2 = \frac{3}{4}e_2^2 + V_1^2 + 3e_2V_1 + \frac{9}{4}e_2^2$$

$$= V_1^2 + 3e_2V_1 + 3e_2^2 = (n^2+3n+3)e_2^2$$

$$\therefore \quad V_2 = \sqrt{n^2+3n+3}\,e_2 = \frac{V_1\sqrt{n^2+3n+3}}{n}$$

テーマ52 異容量変圧器に関する計算

●問題●

図のように異容量の変圧器をV結線し負荷に供給している．共用変圧器（I）容量〔kV・A〕（計算値）として，正しい値は次のうちどれか．ただし，単相負荷の電流と三相負荷の電流は同相とする．

(1) 12.2　(2) 14.5　(3) 16.4　(4) 18.3　(5) 21.5

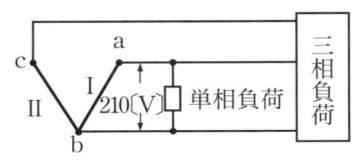

三相負荷20〔kW〕
cos 30°（進み）
単相負荷5〔kW〕
cos θ＝1
相回転はabc，三相負荷は星形結線

電気の公式

三相ベクトル

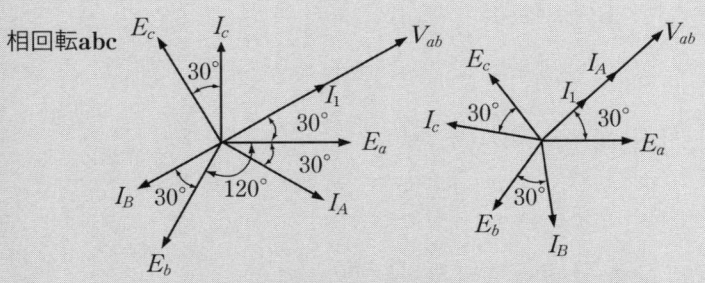

相回転abc

三相負荷 cos 30°（遅れ）　　　三相負荷 cos 30°（進み）

数学の公式

余弦法則

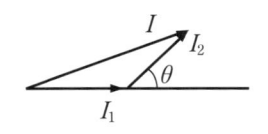

$$I = \sqrt{I_1^2 + I_2^2 - 2I_1 I_2 \cos(180°-\theta)}$$

単相負荷と三相負荷の電流ベクトル図が，同相でない場合の合成電流を求める公式であるので，覚えておくこと．

図形化

(1) 回路図

210〔V〕, 単相負荷 P_1, 三相負荷

単相負荷 $P_1:5$〔kW〕, $\cos\theta=1$

(2) ベクトル図

I_1
I_A
$I=I_1+I_A$

I_1とI_Aの同相のベクトル図

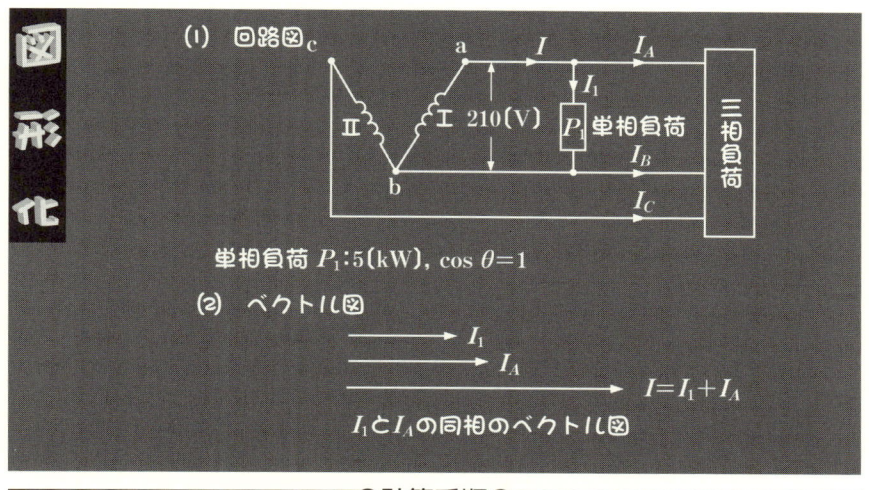

●計算手順●

▷1 三相負荷電流I_Aを求める．

$$I_A = \frac{P_3}{\sqrt{3}V\cos\theta} = \frac{20\times10^3}{\sqrt{3}\times210\times0.866} = 63.5 \text{〔A〕}$$

$\theta = \cos^{-1}0.866 = 30°$

▷2 単相負荷電流I_1を求める．

$$I_1 = \frac{P_1}{V} = \frac{5\times10^3}{210} = 23.8 \text{〔A〕}$$

▷3 ベクトル図からI_1とI_Aは同相であることから，合成電流Iを求める．

$I = I_1 + I_A$
$= 63.5 + 23.8$
$= 87.3$〔A〕

▷4 変圧器容量P（計算値）を求める．

$P = VI \times 10^{-3} = 210 \times 87.3 \times 10^{-3}$
$= 18.3$〔kV·A〕

●答● (4)

テーマ53 1線地絡時の対地電圧と地絡電流

●問 題●

3心ケーブルを用いた非接地式22〔kV〕, 50〔Hz〕, こう長10〔km〕の地中送電線の任意の1点Pで, 1線地絡を生じたときの地絡電流〔A〕として, 正しいのは次のうちどれか. ただし, 1線の対地静電容量C_sを0.4〔μF/km〕, 線間静電容量C_mを0.2〔μF/km〕とし, 他の線路定数は無視するものとする.

(1) 28　　(2) 32　　(3) 36　　(4) 40　　(5) 48

電気の公式

(1) 鳳・テブナンの定理

1線地絡電流

$$= \frac{\text{地絡発生前の対地電圧}}{\text{電源を短絡して故障点から見た合成インピーダンス}}$$

(2) キルヒホッフの法則　　図より,

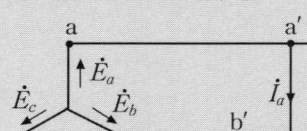

$$\dot{I}_a = \frac{\dot{E}_a - \dot{E}_c}{\dot{Z}} = j\omega C \dot{V}_a$$

$$\dot{I}_b = \frac{\dot{E}_b - \dot{E}_c}{\dot{Z}} = j\omega C \dot{V}_b$$

$$\dot{I}_g = \dot{I}_a + \dot{I}_b$$

数学の知識

ベクトルの描き方

① 平行四辺形法：平行四辺形のベクトル図を描く方法.

② 三角形法：三角形のベクトル図を描く方法.

ベクトル図

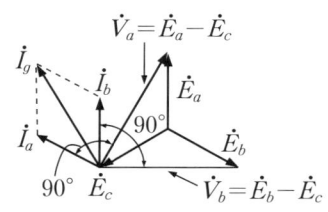

図形化

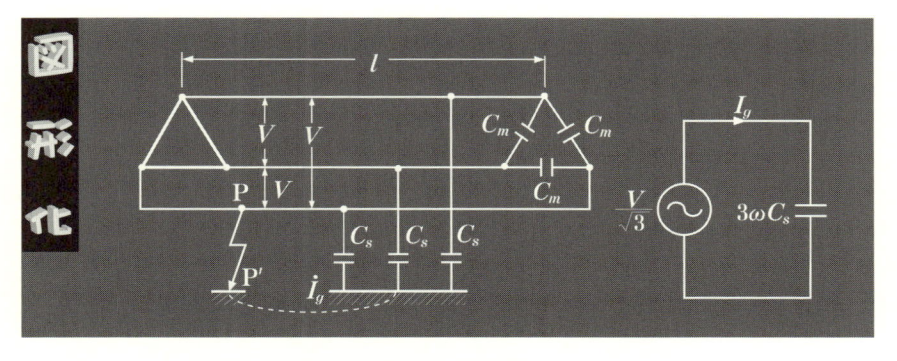

●計算手順●

1 図において，PP'を開いたとき，PP'間に現れる電圧は，平常時の対地電圧に等しい．

$$E_0 = \frac{V}{\sqrt{3}} \text{ (V)}$$

2 電源を短絡し，PP'間より見た合成インピーダンスは，線間静電容量C_mが変圧器で短絡されるので，

$$Z_0 = \frac{1}{\omega C} = \frac{1}{3\omega C_s l} \text{ (μF)}$$

$$= \frac{1}{3\omega C_s l \times 10^{-6}} \text{ (F)}$$

3 地絡点PP'間を流れる地絡電流I_gを求める．

$$I_g = \frac{E_0}{Z_0}$$

$$= 3\omega C_s l \times 10^{-6} \times \frac{V}{\sqrt{3}}$$

$$= \frac{3 \times 2\pi \times 50 \times 0.4 \times 10^{-6} \times 10 \times 22 \times 10^3}{\sqrt{3}}$$

$$\fallingdotseq 48 \text{ (A)}$$

●答● (5)

テーマ54 電力ケーブルの静電容量の計算

●問 題●

三相3線式1回線の地中電線路がある．これに使用しているケーブルの1線当たりの対地静電容量は C_s 〔μF〕，線間静電容量は C_m 〔μF〕であった．このときの2線間の静電容量を C 〔μF〕とすると，正しいのは次のうちどれか．

(1) $C = \dfrac{3}{2}C_m + \dfrac{1}{2}C_s$ (2) $C = \dfrac{2}{3}C_m + \dfrac{1}{2}C_s$

(3) $C = \dfrac{3}{2}C_m + \dfrac{1}{4}C_s$ (4) $C = \dfrac{2}{3}C_m + \dfrac{1}{4}C_s$

(5) $C = 3C_m + 2C_s$

電気の公式

(1) △−Y等価変換

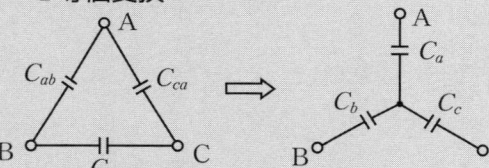

$$C_a = \frac{C_{ab}C_{bc} + C_{bc}C_{ca} + C_{ca}C_{ab}}{C_{bc}}$$

$$C_b = \frac{C_{ab}C_{bc} + C_{bc}C_{ca} + C_{ca}C_{ab}}{C_{ca}}$$

$$C_c = \frac{C_{ab}C_{bc} + C_{bc}C_{ca} + C_{ca}C_{ab}}{C_{ab}}$$

$C_{ab} = C_{bc} = C_{ca} = C_△$ のときの等価変換
$C_a = C_b = C_c = C_Y$
$C_Y = 3C_△$

(2) 3心ケーブルの作用静電容量

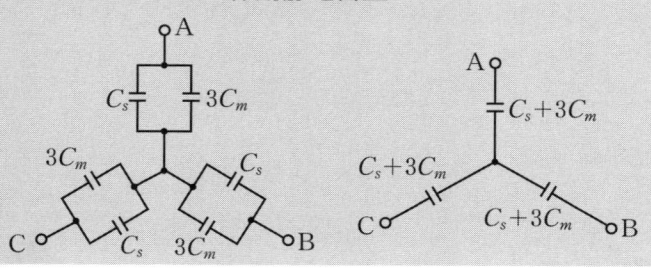

110

図形化

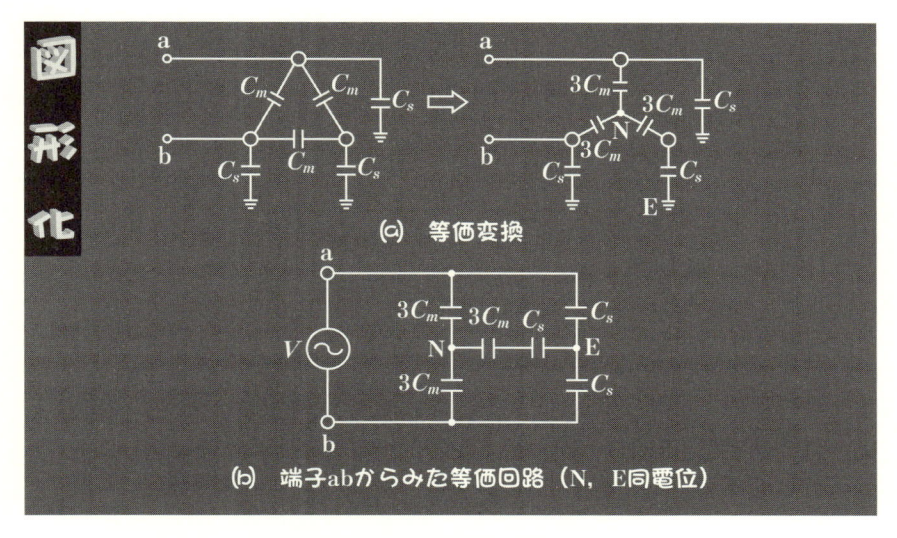

(イ) 等価変換

(ロ) 端子abからみた等価回路（N，E同電位）

━━━━━●計算手順●━━━━━

▶1 与えられたC_mおよびC_sを用いて等価回路を作成する．（図形化）

▶2 △接続された線間静電容量C_mを△−Y変換する．（図形化）

▶3 端子ab間から見た等価回路を作成する．（図形化）

▶4 N点とE点が同電位であるから，N−E間の静電容量を無視して，端子ab間から見た静電容量C_{ab}を求める．

$$C_{ab} = \frac{3}{2}C_m + \frac{1}{2}C_s \ [\mu F]$$

●答● （1）

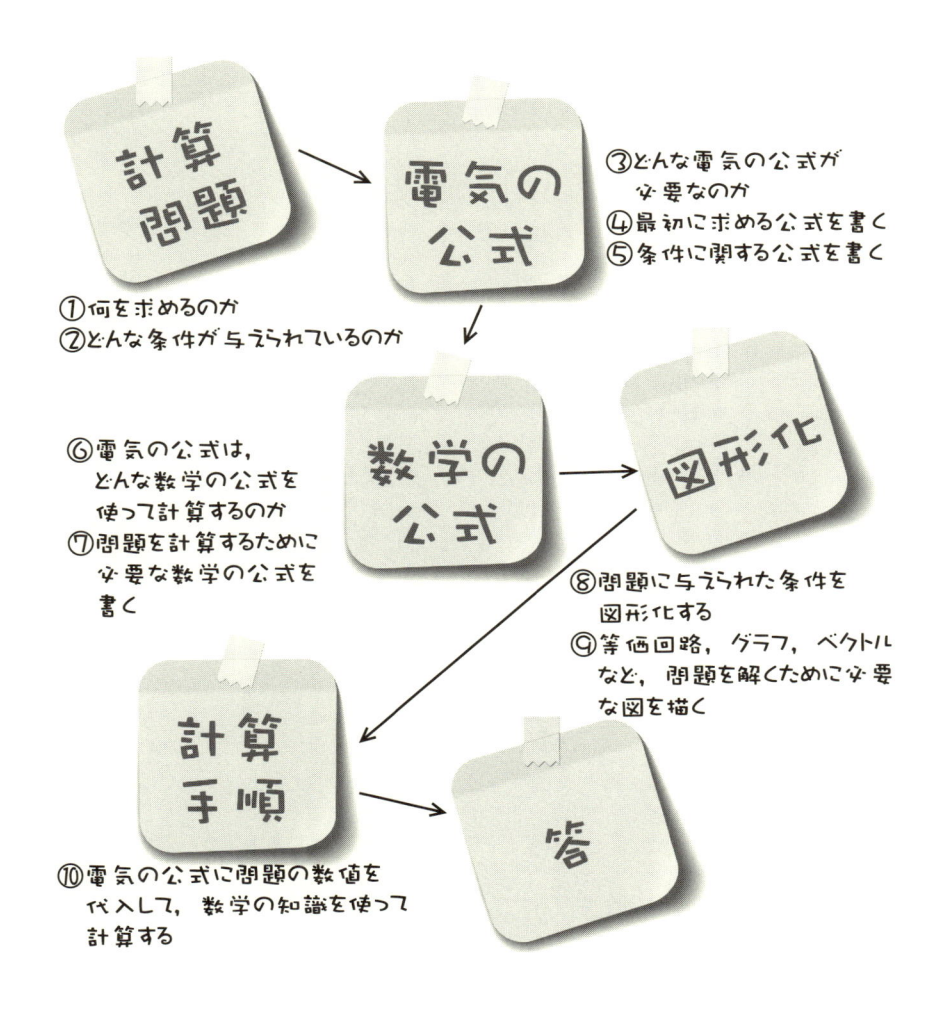

機械

- 計算問題
  - ① 何を求めるのか
  - ② どんな条件が与えられているのか
- → 電気の公式
  - ③ どんな電気の公式が必要なのか
  - ④ 最初に求める公式を書く
  - ⑤ 条件に関する公式を書く
- ↓ 数学の公式
  - ⑥ 電気の公式は，どんな数学の公式を使って計算するのか
  - ⑦ 問題を計算するために必要な数学の公式を書く
- → 図形化
  - ⑧ 問題に与えられた条件を図形化する
  - ⑨ 等価回路，グラフ，ベクトルなど，問題を解くために必要な図を描く
- ↙ 計算手順
  - ⑩ 電気の公式に問題の数値を代入して，数学の知識を使って計算する
- → 答

テーマ55 変圧器の等価回路に関する計算

●問 題●

図のように，容量5〔kV・A〕，電圧6 300/105〔V〕の単相変圧器2個の高圧側を10 000〔V〕の電源に接続し，低圧側にそれぞれ5〔Ω〕および7〔Ω〕の抵抗を接続した場合，高圧側の端子電圧E_1〔V〕およびE_2〔V〕はそれぞれいくらか．正しい値を組み合わせたものを次のうちから選べ．ただし，変圧器のインピーダンスは無視するものとする．

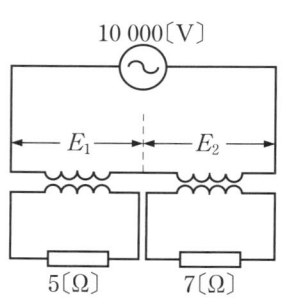

(1) $E_1=3\,890$, $E_2=6\,110$
(2) $E_1=4\,170$, $E_2=5\,830$
(3) $E_1=4\,520$, $E_2=5\,480$
(4) $E_1=5\,000$, $E_2=5\,000$
(5) $E_1=5\,480$, $E_2=4\,520$

電気の公式

(1) 誘導起電力と変圧比

$E_1=4.44fn_1\phi_m$〔V〕, $E_2=4.44fn_2\phi_m$〔V〕

変圧比$=\dfrac{E_1}{E_2}=\dfrac{n_1}{n_2}=a$, 電流比$=\dfrac{I_1}{I_2}=\dfrac{1}{a}$

E_1, E_2：一次巻線，二次巻線の誘導起電力〔V〕
n_1, n_2：一次巻線，二次巻線の巻数
f：周波数〔Hz〕，ϕ_m：磁束の最大値〔Wb〕
I_1, I_2：一次電流，二次電流〔A〕

(2) 一次側換算等価回路

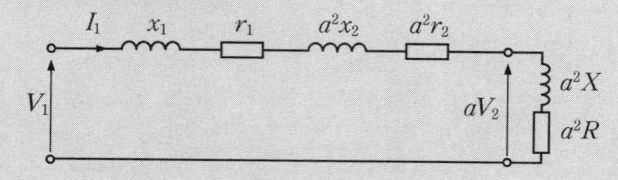

図形化

10 000〔V〕 ... 10 000〔V〕

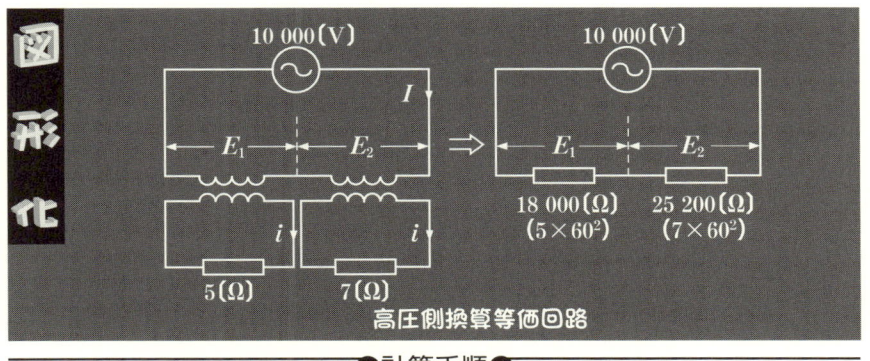

18 000〔Ω〕 25 200〔Ω〕
$(5×60^2)$ $(7×60^2)$

5〔Ω〕 7〔Ω〕

高圧側換算等価回路

●計算手順●

1. 変圧比 a を求める．

$$a=\frac{6\,300}{105}=60$$

2. 負荷抵抗5〔Ω〕および7〔Ω〕を高圧側に換算した抵抗値 R_1 および R_2 を求める．

$R_1=5×60^2=18\,000$〔Ω〕

$R_2=7×60^2=25\,200$〔Ω〕

3. 高圧側から見た等価回路を描く．（図形化）

4. 高圧側の端子電圧 E_1 および E_2 を求める．

$$E_1=\frac{18\,000}{18\,000+25\,200}×1\,000≒4\,167\,〔V〕$$

$$E_2=\frac{25\,200}{18\,000+25\,200}×1\,000≒5\,833\,〔V〕$$

●答● (2)

テーマ56 変圧器の%Zによる電圧変動率の計算

●問題●

定格出力3 000〔kV・A〕，定格一次電圧33〔kV〕，定格二次電圧6.6〔kV〕の単相変圧器の電圧変動率が，力率100〔%〕の負荷で3〔%〕である．次の(a)および(b)に答えよ．

(a) 力率80〔%〕の負荷でパーセントリアクタンス降下が4〔%〕であるときの電圧変動率〔%〕はいくらか．
 (1) 3　(2) 3.5　(3) 4　(4) 4.8　(5) 5

(b) この変圧器の低圧側の短絡電流〔A〕はいくらか．
 (1) 6 600　(2) 7 600　(3) 8 100
 (4) 8 600　(5) 9 100

電気の公式

(1) 電圧変動率　$\varepsilon = p\cos\varphi + q\sin\varphi$ 〔%〕

(2) 短絡インピーダンスの抵抗成分（パーセント抵抗電圧）

$$p = \frac{IR}{V} \times 100 \text{〔%〕}$$

(3) 短絡インピーダンスのリアクタンス成分（パーセントリアクタンス電圧）　$q = \frac{IX}{V} \times 100$ 〔%〕

(4) 短絡インピーダンス（パーセントインピーダンス電圧）

$$\%Z = \sqrt{p^2 + q^2} \text{〔%〕}$$

(5) 短絡電流　$I_s = \dfrac{V}{Z} = \dfrac{100I}{\%Z}$ 〔A〕　I：定格電流〔A〕

数学の公式

図の直角三角形において，$a^2 = b^2 + c^2$，また三角比は，

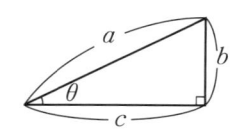

$\sin\theta = \dfrac{b}{a}$, $\cos\theta = \dfrac{c}{a}$

$\tan\theta = \dfrac{\sin\theta}{\cos\theta} = \dfrac{b}{c}$

図形化

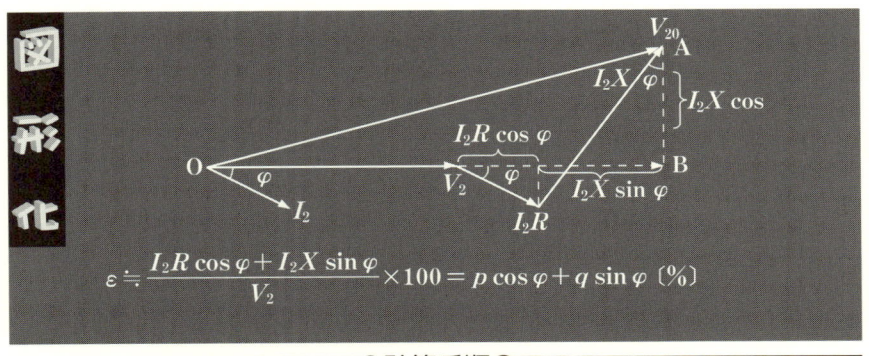

$$\varepsilon \fallingdotseq \frac{I_2 R \cos\varphi + I_2 X \sin\varphi}{V_2} \times 100 = p\cos\varphi + q\sin\varphi \ (\%)$$

●計算手順●

[1] %抵抗降下 p および%リアクタンス降下 q を，次の公式に題意の数値を代入して求める．

$$\varepsilon = p\cos\varphi + q\sin\varphi$$

[2] 力率100〔%〕で $\cos\varphi = 1$, $\sin\varphi = 0$, $\varepsilon = 3$〔%〕であるから，%抵抗降下を求める．

$$3 = p \times 1 \text{ から } p = 3 \ [\%]$$

[3] 力率80〔%〕で，$\cos\varphi = 0.8$, $\sin\varphi = \sqrt{1-\cos^2\varphi} = 0.6$, $\%X = 4$〔%〕であるから，電圧変動率 ε を求める．

$$\varepsilon = 3 \times 0.8 + 4 \times 0.6 = 2.4 + 2.4 = 4.8 \ [\%]$$

[4] %インピーダンス降下%Zを求める．

$$\%Z = \sqrt{p^2+q^2} = \sqrt{3^2+4^2} = 5 \ [\%]$$

[5] 定格二次電流を求めて，短絡電流の公式に代入する．

$$I_s = \frac{V_2}{Z_2} = \frac{I_2 V_2}{I_2 Z} = \frac{100 I_2}{\%Z}, \quad I_2 = \frac{P}{V_2} = \frac{3\,000 \times 10^3}{6.6 \times 10^3}$$

[6] 短絡電流を求める．

$$I_s = \frac{100}{5} \times \frac{3\,000 \times 10^3}{6.6 \times 10^3} \fallingdotseq 9\,091 \fallingdotseq 9\,100 \ [\text{A}]$$

●答● (a)-(4), (b)-(5)

テーマ57 変圧器の結線と負荷に関する計算

●問 題●

2〔kV・A〕単相変圧器3台を用い、△結線によって給電している場合、1台の変圧器が焼損したため、これを取り除いたとする。この場合の負荷が5.16〔kV・A〕とすれば、残りの2台の変圧器は何パーセントの過負荷となるか。正しい値を次のうちから選べ。

(1) 43　(2) 45　(3) 47　(4) 49　(5) 51

電気の公式

(1) 線間電圧，相電圧，線電流，相電流
　△結線：線間電圧＝相電圧，線電流＝$\sqrt{3}$×相電流
　Y結線：線間電圧＝$\sqrt{3}$×相電圧，線電流＝相電流

(2) △結線バンク容量＝$\sqrt{3}$×単相容量＝3×相電圧×相電流
　V結線バンク容量＝$\sqrt{3}$×単相容量

(3) 三相有効電力
　$P = \sqrt{3} VI \cos\varphi$〔W〕　V：線間電圧　I：線電流

(4) 三相V結線

　変圧器利用率 $= \dfrac{\sqrt{3}}{2} = 0.866$

　容量低減率 $= \dfrac{1}{\sqrt{3}} = 0.577$

数学の公式

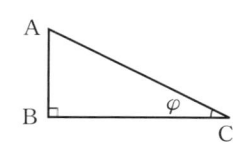

$(AC)^2 = (AB)^2 + (BC)^2$

上式の両辺を$(AC)^2$で割る．

$\left(\dfrac{AB}{AC}\right)^2 + \left(\dfrac{BC}{AC}\right)^2 = 1$

$\sin\varphi = \dfrac{AB}{AC}$, $\cos\varphi = \dfrac{BC}{AC}$ を上式に代入する．

$\sin^2\varphi + \cos^2\varphi = 1$,　$\sin\varphi = \sqrt{1-\cos^2\varphi}$

図形化

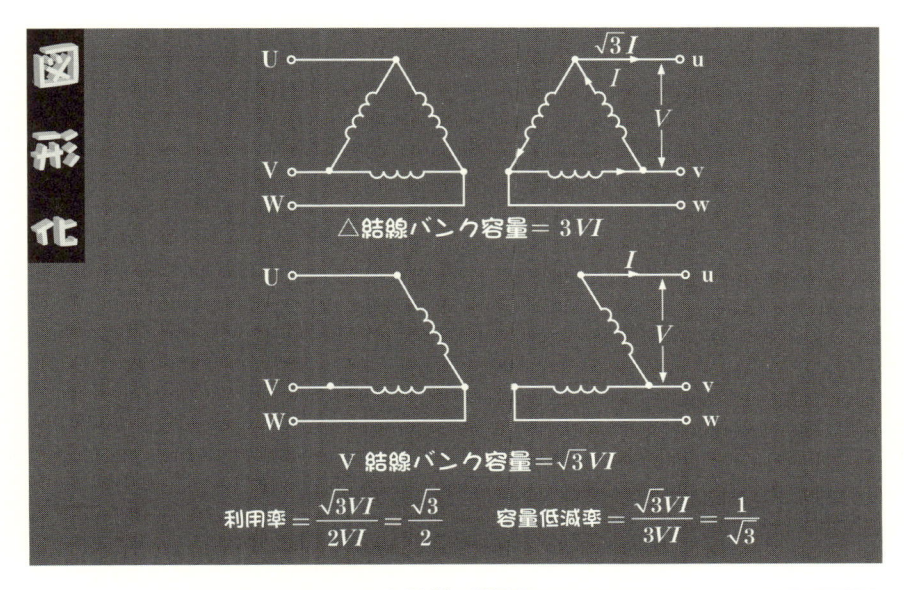

△結線バンク容量 $= 3VI$

利用率 $= \dfrac{\sqrt{3}VI}{2VI} = \dfrac{\sqrt{3}}{2}$

V結線バンク容量 $= \sqrt{3}VI$

容量低減率 $= \dfrac{\sqrt{3}VI}{3VI} = \dfrac{1}{\sqrt{3}}$

──●計算手順●──

1 V結線の容量 P_V は△結線の容量 $P_△$ の $1/\sqrt{3}$ である．単相変圧器は2〔kV・A〕であるので，V結線のバンク容量は，

$$P_V = \frac{P_△}{\sqrt{3}} = \frac{2 \times 3}{\sqrt{3}} = 2\sqrt{3} \ 〔\text{kV・A}〕$$

2 過負荷率 α を求める．

過負荷率 α の公式は，

$$\alpha = \frac{\text{負荷容量} - \text{Vバンク容量}}{\text{Vバンク容量}} \times 100 \ 〔\%〕$$

であるので，題意の数値を代入すればよい．

$$\alpha = \frac{5.16 - 2\sqrt{3}}{2\sqrt{3}} \times 100 = 49 \ 〔\%〕$$

●答● (4)

テーマ58 変圧器の全日効率に関する計算

●問　題●

定格出力100〔kV・A〕，鉄損900〔W〕，全負荷銅損1.2〔kW〕の変圧器がある．この変圧器を1日のうち，無負荷で10時間，力率100〔%〕の半負荷で6時間，力率85〔%〕の全負荷で8時間使用するものとすれば，この日の全日効率〔%〕として，正しい値は次のうちどれか．

(1)　95.7　　(2)　96.1　　(3)　96.5　　(4)　96.7　　(5)　97.0

電気の公式

(1) 変圧器の損失＝鉄損（W_i）＋銅損（W_c）

(2) 鉄損＝ヒステリシス損（W_h）＋渦電流損（W_e）
$W_h = K_h f B_m^2 G$ 〔W〕，$W_e = K_e t^2 f^2 B_m^2 G$ 〔W〕
K_h，K_e：比例定数，f：周波数，t：鉄板の厚み
G：鉄心重量，B_m：磁束密度の最大値

(3) 銅損＝$\alpha^2 I^2 R = \alpha^2 W_{cn}$ 〔W〕
α：負荷率，W_{cn}：全負荷銅損

(4) 全日効率＝$\dfrac{1日中の全出力電力量〔kW・h〕}{1日中の全入力電力量〔kW・h〕} \times 100$ 〔%〕

$= \dfrac{\sum V_2 I_2 \cos \varphi_2 \cdot t}{\sum V_2 I_2 \cos \varphi_2 \cdot t + W_i \sum t + \sum W_c \cdot t} \times 100$ 〔%〕

$V_2 I_2 \cos \varphi_2$：二次出力，t：時間

数学の公式

和　$\sum_{i=1}^{5} a_i = a_1 + a_2 + a_3 + a_4 + a_5$　Σ（シグマ）は和を表す．

$\sum V_2 I_2 \cos \varphi_2 \cdot t$：1日中の全出力電力量〔kW・h〕

$W_i \sum t$：1日中の全鉄損〔kW・h〕：$W_i \sum t = 24 W_i$

$\sum W_c \cdot t$：1日中の全銅損〔kW・h〕：$\sum W_c \cdot t = \sum \alpha^2 W_{cn} \cdot t$

図形化

	1日（24時間）		
	無負荷 (10時間)	半負荷 (6時間)	全負荷 (8時間)
出 力	0	50×6	85×8
銅 損	0	$\frac{1.2}{4}\times 6$	1.2×8
鉄 損	0.9×24		

●計算手順●

▷1 全日効率 η の式を求める．

$$\eta = \frac{1日中の全出力電力量〔kW・h〕}{1日中の全入力電力量〔kW・h〕} \times 100 〔\%〕$$

▷2 1日中の全出力電力量 W_0 を求める．

$$W_0 = 100\left(\frac{1}{2}\times 1\times 6 + 1\times 0.85\times 8\right) = 980 〔kW・h〕$$

▷3 1日中の全鉄損 W_i を求める．

$$W_i = 0.9\times 24 = 21.6 〔kW・h〕$$

▷4 1日中の全銅損 W_c を求める．

$$W_c = 1.2\left\{\left(\frac{1}{2}\right)^2\times 6 + 1\times 8\right\} = 11.4 〔kW・h〕$$

▷5 1日中の全入力電力量 W を求める．

$$W = W_0 + W_i + W_c$$
$$= 980 + 21.6 + 11.4 = 1\,013 〔kW・h〕$$

▷6 全日効率を求める．

$$\eta = \frac{980}{1\,013}\times 100 = 96.7 〔\%〕$$

●答● (4)

テーマ59 変圧器の部分負荷時の効率の計算

●問 題●

定格容量30〔kV·A〕の変圧器があり，力率1における全負荷時の効率が97.8〔%〕，力率1における50〔%〕負荷時の力率が98.2〔%〕であるという．この変圧器の力率0.9における25〔kV·A〕負荷時の効率〔%〕はいくらか．正しい値を次のうちから選べ．

(1) 97.5　　(2) 97.8　　(3) 98.0　　(4) 98.1　　(5) 98.2

電気の公式

(1) 損失 $= \dfrac{1-効率}{効率} \times$ 出力，　$W_i + W_c = \dfrac{1-\eta}{\eta} \times P_n$

(2) 変圧器の効率 η

$$\eta = \dfrac{出力}{入力} \times 100 = \dfrac{出力}{出力+損失} \times 100 〔\%〕$$

$$= \dfrac{\alpha P_n \cos\varphi}{\alpha P_n \cos\varphi + W_i + \alpha^2 W_c + W_s} \times 100 〔\%〕$$

P_n：変圧器定格容量，　$\cos\varphi$：負荷力率，　α：負荷率
W_i：鉄損，　W_c：全負荷銅損，　W_s：漂遊負荷損

数学の知識

連立方程式の解き方

$$\begin{cases} W_i + W_c = 0.6748 & \quad (1) \\ W_i + 0.25 W_c = 0.2749 & \quad (2) \end{cases}$$

(1)式より，$W_i = 0.6748 - W_c$ 　　(3)

(3)式を(2)式へ代入，$0.6748 - W_c + 0.25 W_c = 0.2749$

$W_c - 0.25 W_c = 0.6748 - 0.2749$

$0.75 W_c = 0.3999$ 　∴ $W_c = \dfrac{0.3999}{0.75} = 0.5332$

∴ $W_i = 0.6748 - 0.5332 = 0.1416$

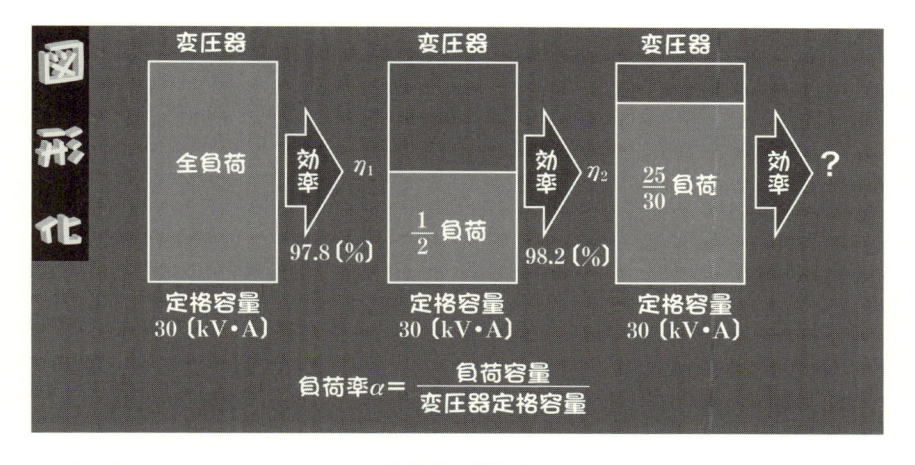

図形化

変圧器 全負荷 → 効率 η_1 → 変圧器 $\frac{1}{2}$負荷 → 効率 η_2 → 変圧器 $\frac{25}{30}$負荷 → 効率 ?
97.8〔%〕   98.2〔%〕
定格容量 30〔kV·A〕   定格容量 30〔kV·A〕   定格容量 30〔kV·A〕

$$負荷率 \alpha = \frac{負荷容量}{変圧器定格容量}$$

●計算手順●

1. 全負荷時の損失，鉄損 W_i と銅損 W_c を求める．

$$W_i + W_c = \frac{1-0.978}{0.978} \times 30 = 0.6748 〔kW〕 \qquad ①$$

2. 50〔%〕負荷時の損失を求める．

$$W_i + \left(\frac{1}{2}\right)^2 W_c = \frac{1-0.982}{0.982} \times 15$$

$$W_i + 0.25 W_c = 0.2749 〔kW〕 \qquad ②$$

3. ①式および②式から鉄損と全負荷銅損を求める．

$W_c = 0.5332 〔kW〕$

$W_i = 0.1416 〔kW〕$

4. 力率0.9における25〔kV·A〕負荷の効率 η を求める．

$$\eta = \frac{25 \times 0.9}{25 \times 0.9 + 0.1416 + \left(\frac{25}{30}\right)^2 \times 0.5332} \times 100$$

$$= 97.77 ≒ 97.8 〔%〕$$

●答● (2)

テーマ60 変圧器の最大効率に関する計算

●問 題●

出力が2〔kW〕のときおよび8〔kW〕のときの効率が等しい単相変圧器がある．出力が何キロワットのとき，この変圧器の効率は最高となるか．正しい値を次のうちから選べ．ただし，力率は100〔%〕とする．

(1) 4.0　　(2) 5.0　　(3) 5.5　　(4) 6.0　　(5) 6.5

電気の公式

(1) **最大効率の条件**

鉄損 W_i と銅損 W_c が等しいとき，すなわち，$W_i = \alpha^2 W_{cn}$ のとき効率は最高となる．W_{cn} は全負荷銅損とする．

$$W_i = \left(\frac{P}{P_n}\right)^2 W_{cn} = \alpha^2 W_{cn}$$

P：負荷容量〔kV·A〕，P_n：変圧器定格容量〔kV·A〕

(2) **全負荷時（力率100%）の最大効率**

$$\eta_m = \frac{P_n}{P_n + 2W_i} \times 100 \, 〔\%〕$$

条件：$W_i = W_{cn}$

(3) **α 負荷時（力率 $\cos\theta$）の最大効率**

$$\eta_m = \frac{\alpha P_n \cos\theta}{\alpha P_n \cos\theta + 2W_i} \times 100 \, 〔\%〕 \quad 条件：W_i = \alpha^2 W_{cn}$$

数学の公式

(1) **最大定理**

$x + y = $ 一定のとき，

積 xy は，$x = y$ のとき最大となる．

(2) **最小定理**

$xy = $ 一定のとき，

和 $x + y$ は，$x = y$ のとき最小となる．

図形化

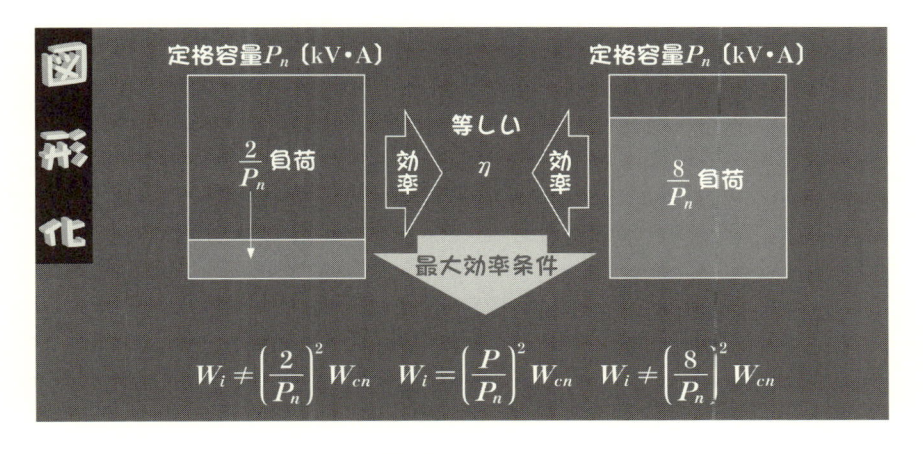

| 定格容量 P_n 〔kV・A〕 $\dfrac{2}{P_n}$ 負荷 | 等しい 効率 η 効率 | 定格容量 P_n 〔kV・A〕 $\dfrac{8}{P_n}$ 負荷 |

最大効率条件

$$W_i \neq \left(\dfrac{2}{P_n}\right)^2 W_{cn} \quad W_i = \left(\dfrac{P}{P_n}\right)^2 W_{cn} \quad W_i \neq \left(\dfrac{8}{P_n}\right)^2 W_{cn}$$

──●計算手順●──

1 負荷率 α のときの効率 η_α を公式より求める.

$$\eta_\alpha = \dfrac{\alpha P_n \cos\theta}{\alpha P_n \cos\theta + W_i + \alpha^2 W_{cn}} \times 100 〔\%〕$$

2 2〔kW〕負荷の効率 η_2 を求める.

$$\eta_2 = \dfrac{2}{2 + W_i + \left(\dfrac{2}{P_n}\right)^2 W_{cn}} \times 100 \qquad ①$$

3 8〔kW〕負荷の効率 η_8 を求める.

$$\eta_8 = \dfrac{8}{8 + W_i + \left(\dfrac{8}{P_n}\right)^2 W_{cn}} \times 100 \qquad ②$$

4 2〔kW〕負荷と 8〔kW〕負荷で効率は等しい.

$$\dfrac{2}{2 + W_i + \left(\dfrac{2}{P_n}\right)^2 W_{cn}} = \dfrac{8}{8 + W_i + \left(\dfrac{8}{P_n}\right)^2 W_{cn}} \qquad ③$$

5 ③式を整理して, $W_i = \alpha^2 W_{cn}$ の条件を求める.

$$6W_i = \dfrac{96}{P_n^2} W_{cn}, \quad W_i = \dfrac{16}{P_n^2} W_{cn}, \quad W_i = \left(\dfrac{4}{P_n}\right)^2 W_{cn}$$

負荷が $P = 4$〔kW〕のとき最高効率となる.

●答● (1)

テーマ61 変圧器の短絡試験に関する計算

●問 題●

ある単相変圧器インピーダンス試験（短絡試験）をしたところ，一次電圧164〔V〕，一次電流25〔A〕，電力1 060〔W〕の測定値が得られた．この変圧器の，一次巻線抵抗と二次巻線抵抗の一次換算値の和 R 〔Ω〕および一次漏れリアクタンスと二次漏れリアクタンスの一次換算値の和 X 〔Ω〕は，それぞれいくらか．正しい値を組み合わせたものを次のうちから選べ．ただし，励磁回路は無視するものとする．

(1) $R=1.60$　$X=5.20$
(2) $R=1.60$　$X=5.70$
(3) $R=1.70$　$X=6.34$
(4) $R=1.70$　$X=6.55$
(5) $R=1.80$　$X=6.65$

電気の公式

(1) **短絡試験** 巻線の一方を短絡し，他方の巻線から定格周波数で定格電流が流れるように電圧を加えて，電圧と電力を測定する．
　　電圧計の指示：インピーダンス電圧
　　電力計の指示：銅損＋漂遊負荷損
(2) **無負荷試験** 変圧器の二次（一次）側を開き，一次（二次）側に定格周波数の定格電圧を加え，電流と電力を測定する．
　　電流計の指示：励磁電流，電力計の指示：鉄損

数学の公式

(1) $\sin(A \pm B) = \sin A \cos B \pm \cos A \sin B$
(2) $\cos(A \pm B) = \cos A \cos B \mp \sin A \sin B$
(3) $\sin 2A = 2 \sin A \cos A$　　$\cos 2A = \cos^2 A - \sin^2 A$
(4) $A \sin \omega t + B \cos \omega t = \sqrt{A^2 + B^2} \sin(\omega t + \varphi)$
　　ただし，$\varphi = \tan^{-1}(B/A)$

図形化

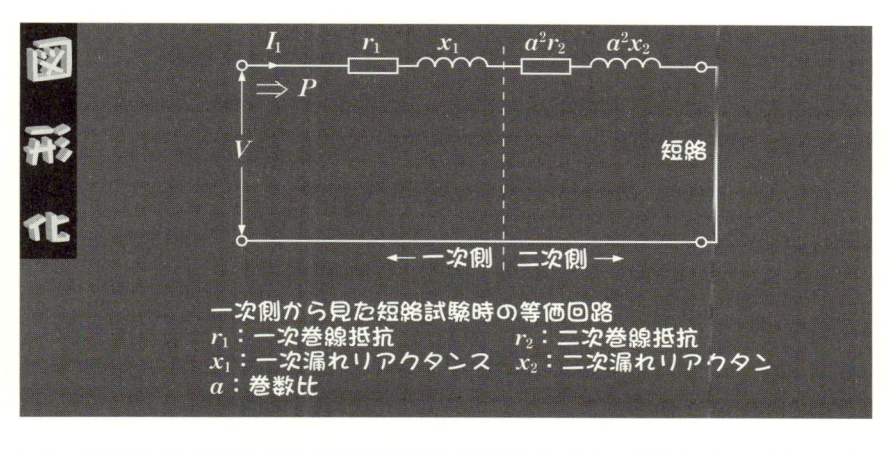

一次側から見た短絡試験時の等価回路
r_1：一次巻線抵抗　　　r_2：二次巻線抵抗
x_1：一次漏れリアクタンス　x_2：二次漏れリアクタンス
a：巻数比

●計算手順●

▶1　短絡試験の等価回路を描く．（図形化）

▶2　試験時の一次電流 I_1 と電力（一次入力）P から，一次巻線抵抗と二次巻線抵抗の一次換算値の和 R を求める．

$$R = r_1 + a^2 r_2 = \frac{P}{I_1^2} = \frac{1\,060}{25^2} = 1.696 \ [\Omega]$$

▶3　試験時の一次電流 I_1 と電圧 V から，変圧器の一次換算インピーダンス Z を求める．

$$Z = \frac{V}{I_1} = \frac{164}{25} = 6.56 \ [\Omega]$$

▶4　Z と R から，一次漏れリアクタンスと二次漏れリアクタンスの一次換算値の和 X を求める．

$$X = \sqrt{Z^2 - R^2} = \sqrt{6.56^2 - 1.696^2} \fallingdotseq 6.337 \ [\Omega]$$

●答●　(3)

テーマ62 単巻変圧器の最大通過容量の計算

●問題●

一次電圧275〔kV〕，二次電圧525〔kV〕の三相単巻変圧器がある．これの自己容量を100〔MV・A〕とすると，この変圧器の最大通過容量〔MV・A〕として，正しい値を次のうちから選べ．

(1) 110　　(2) 210　　(3) 310　　(4) 364　　(5) 390

電気の公式

(1) 電圧比と電流比

$$\frac{E_H}{E_L} = \frac{n_1 + n_2}{n_2}$$

$$\frac{I_H}{I_L} = \frac{n_2}{n_1 + n_2}$$

(2) 自己容量

$$E_1 I_1 = E_2 I_2$$

(3) 通過容量

$$E_H I_H = E_L I_L$$

(4) 三相単巻変圧器の場合

① 自己容量

$$W_s = 3\left(\frac{V_H - V_L}{\sqrt{3}}\right) I_H = \sqrt{3}(V_H - V_L) I_H$$

② 線路容量

$$W_L = \sqrt{3} V_H I_H = \sqrt{3} V_L I_L$$

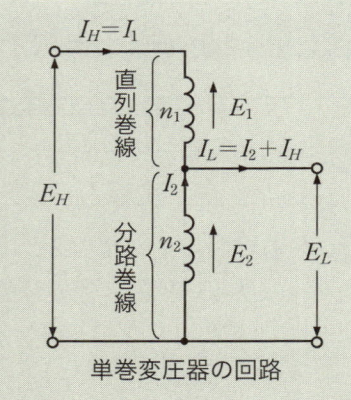

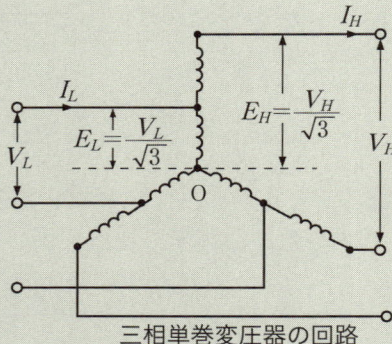

③ 最大通過容量

$$W_L = \left(\frac{V_H}{V_H - V_L}\right) \times 自己容量 = \left(\frac{V_H}{V_H - V_L}\right) W_s$$

単巻変圧器の回路

三相単巻変圧器の回路

128

図形化

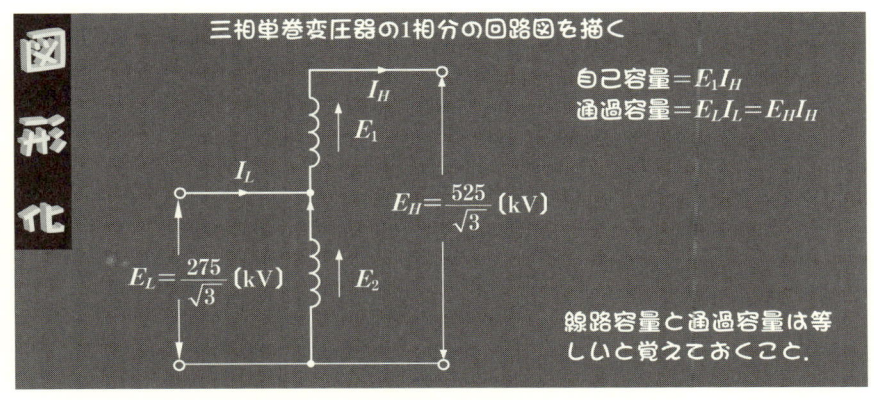

三相単巻変圧器の1相分の回路図を描く

自己容量 $= E_1 I_H$
通過容量 $= E_L I_L = E_H I_H$

$E_H = \dfrac{525}{\sqrt{3}}$ (kV)

$E_L = \dfrac{275}{\sqrt{3}}$ (kV)

線路容量と通過容量は等しいと覚えておくこと．

───●計算手順●───

1 三相単巻変圧器の1相分を図示する．（図形化参照）

2 1相分の自己容量 P_1 を求める．

$$P_1 = \frac{100}{3} \ [\text{MV}\cdot\text{A}]$$

3 1相分の自己容量から二次電流 I_H を求める．

$$I_H = \frac{\dfrac{100}{3} \times 10^6}{\left(\dfrac{525}{\sqrt{3}} - \dfrac{275}{\sqrt{3}}\right) \times 10^3}$$

$$= \frac{100}{3} \times \frac{\sqrt{3}}{250} \times 10^3 = \frac{2\sqrt{3}}{15} \times 10^3 \ [\text{A}]$$

4 1相分の最大通過容量 W_1 を求める．

$$W_1 = E_H I_H = \frac{2\sqrt{3}}{15} \times 10^3 \times \frac{525}{\sqrt{3}} \times 10^3 \ [\text{V}\cdot\text{A}]$$

$$= 70 \ [\text{MV}\cdot\text{A}]$$

5 三相最大通過容量 W_3 を求める．

$$W_3 = 70 \times 3 = 210 \ [\text{MV}\cdot\text{A}]$$

●答● (2)

テーマ63 誘導電動機の回転数と滑りの計算

●問 題●

定格出力40〔kW〕，定格回転数1 425〔min^{-1}〕，定格周波数50〔Hz〕，4極の三相誘導電動機が，250〔N・m〕の定トルク負荷を駆動しているときの回転速度〔min^{-1}〕として，正しいのは次のうちどれか．ただし，電動機のトルクと滑りは，比例するものとする．

(1) 1 400 　　(2) 1 415 　　(3) 1 430
(4) 1 440 　　(5) 1 450

電気の公式

(1) 同期速度　$N_s = \dfrac{120f}{p}$ 〔min^{-1}〕　　f：周波数〔Hz〕
　　　　　　　　　　　　　　　　　　　　p：極数

(2) 同期角速度　$\omega_s = 2\pi \times \dfrac{120f}{p} \times \dfrac{1}{60} = \dfrac{4\pi f}{p}$ 〔rad/s〕

(3) 滑り　$s = \dfrac{N_s - N}{N_s}$　　N_s：同期速度〔min^{-1}〕
　　　　　　　　　　　　　　　　N：回転速度〔min^{-1}〕

(4) トルク　$T = \dfrac{P}{\omega}$　　P：定格出力〔W〕
　　　　　　　　　　　　　　ω：回転角速度〔rad/s〕

数学の公式

(1) 比例

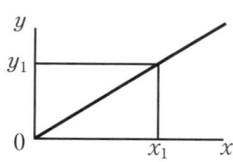

$y = ax$ の関係のとき，
yはxに比例するという．
$a = y_1 / x_1$

(2) 反比例

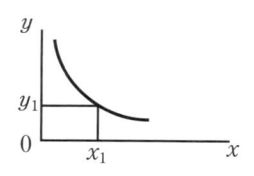

$xy = a$ の関係のとき，
yはxに反比例するという．
$a = x_1 y_1$

図形化

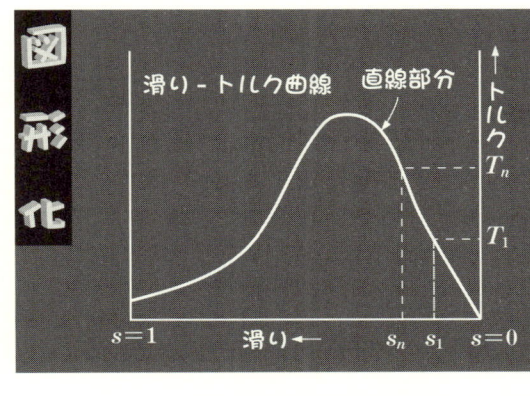

滑り-トルク曲線 直線部分

トルクと滑りが比例すれば、次の式が成立する。

$$T_1 : T_n = s_1 : s_n$$

$$\frac{T_1}{T_n} = \frac{s_1}{s_n}$$

滑り-トルク曲線の直線部分はトルクと滑りの比の計算ができる。

●計算手順●

1. 電動機の同期速度 N_s を求める.

$$N_s = \frac{120f}{p} = \frac{120 \times 50}{4} = 1\,500 \ (\text{min}^{-1})$$

2. 定格速度の滑り s_n を求める.

$$s_n = \frac{N_s - N_n}{N_s} = \frac{1\,500 - 1\,425}{1\,500} = 0.05$$

3. 定格運転時のトルク T_n を求める.

$$T_n = \frac{P}{\omega} = \frac{P}{2\pi \times \frac{N_n}{60}} = \frac{40 \times 10^3}{2\pi \times \frac{1\,425}{60}} = 268 \ (\text{N·m})$$

4. 250 [N·m] のトルク T_1 における滑り s_1 を求める. 滑りとトルクは比例するので,図形化のグラフが描かれる.

$$T_1 : T_n = s_1 : s_n$$

$$s_1 = s_n \times \frac{T_1}{T_n} = 0.05 \times \frac{250}{268} = 0.0466$$

5. 滑り $s_1 = 0.0466$ における回転速度 N を求める.

$$N = N_s(1 - s_1) = 1\,500 \times (1 - 0.0466) = 1\,430 \ (\text{min}^{-1})$$

●答● (3)

テーマ64 誘導電動機の機械的出力の計算

●問 題●

定格出力200〔kW〕，定格電圧3 000〔V〕，周波数50〔Hz〕，8極のかご形三相誘導電動機がある．全負荷時の二次銅損は6〔kW〕，機械損は4〔kW〕である．この電動機の全負荷時の回転速度〔min^{-1}〕として，正しいのは次のうちどれか．ただし，定格出力は定格時の機械出力(発生動力)から機械損を差し引いたものに等しいものとする．

(1) 714 (2) 721 (3) 729 (4) 736 (5) 750

電気の公式

(1) 誘導電動機の1相分の等価回路（一次換算）

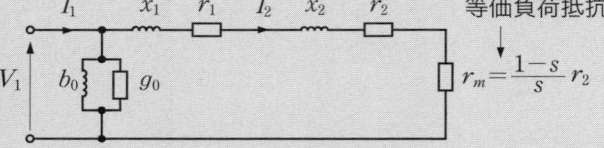

(2) 二次電流 $I_2 = \dfrac{V_1}{\sqrt{\left(\dfrac{r_2}{s}+r_1\right)^2 + (x_2+x_1)^2}}$ 〔A〕

(3) 二次周波数 $f_2 =$ （一次周波数）×滑り $= sf_1$ 〔Hz〕

(4) 二次入力 $P_2 = 3I_2^2 r\dfrac{r_2}{s}$, 二次銅損 $P_{2c} = 3I_2^2 r_2 = sP_2$ 〔W〕

機械的出力（二次出力） $P_m = P_2 - P_{2c} = (1-s)P_2$ 〔W〕

(5) 二次入力：銅損：機械的出力 $= 1:s:(1-s)$

数学の公式

(1) $\dot{Z} = R + jX \rightarrow Z = \sqrt{R^2 + X^2}$

(2) $(a+jb)+(c+jd) = (a+c)+j(b+d)$

(3) $(a+jb)(c+jd) = (ac-bd)+j(ad+bc)$

(4) $\dfrac{a+jb}{c+jd} = \dfrac{ac+bd}{c^2+d^2} + j\dfrac{bc-ad}{c^2+d^2}$

図形化

誘導電動機の二次回路の等価回路（1相分）

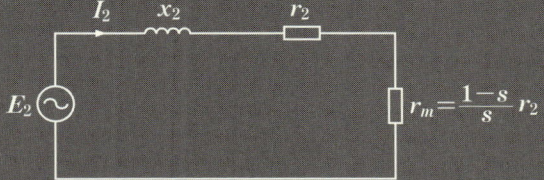

E_2：滑り1における二次誘導起電力

滑りsにおける二次誘導起電力はsE_2となり，リアクタンスはsx_2となるので，二次電流$\dot{I}_2$は，

$$\dot{I}_2 = \frac{s\dot{E}_2}{r_2 + jsx_2} = \frac{\dot{E}_2}{\frac{r_2}{s} + jx_2}, \quad I_2 = |\dot{I}_2| = \frac{E_2}{\sqrt{\left(\frac{r_2}{s}\right)^2 + x_2^2}}$$

$$\frac{r_2}{s} = r_2 + \frac{1-s}{s}r_2, \quad r_m = \frac{1-s}{s}r_2$$

となり，図の等価回路が得られる．r_mは機械的出力を発生する等価負荷抵抗を示す．

●計算手順●

▶1 誘導電動機の同期速度N_0を求める．

$$N_0 = \frac{120 \times 50}{8} = 750 \ [\mathrm{min}^{-1}]$$

▶2 機械損を考慮して，全負荷時の二次入力P_2を求める．
$$P_2 = 200 + 4 + 6 = 210 \ [\mathrm{kW}]$$

▶3 全負荷時の滑りsを求める．

$$s = \frac{P_{c2}}{P_2} = \frac{6}{210} \fallingdotseq 0.0286$$

▶4 全負荷時の回転速度Nを求める．

$$N = 750 \times (1 - 0.0286) \fallingdotseq 729 \ [\mathrm{min}^{-1}]$$

●答● (3)

テーマ65 トルクの比例推移による外部抵抗

●問 題●

定格出力11〔kW〕，定格周波数50〔Hz〕，6極の巻線形三相誘導電動機がある．全負荷時の回転速度960〔min⁻¹〕であるとき，始動時に全負荷トルク150〔%〕のトルクを発生させるためには各相に何〔Ω〕の抵抗を挿入すればよいか．ただし，二次巻線はY結線とし，スリップリング間の抵抗は0.2〔Ω〕とする．また，速度-トルク曲線は直線であるものとする．

(1) 0.75　(2) 1.57　(3) 2.57　(4) 3.57　(5) 4.57

電気の公式

(1) 同期速度　$N_s = \dfrac{120f}{p}$〔min⁻¹〕

f：周波数〔Hz〕
p：極数
N：回転速度〔min⁻¹〕
R：外部抵抗〔Ω〕

(2) 滑り　$s = \dfrac{N_s - N}{N_s}$

（始動時滑り＝1）

(3) トルクの比例推移　$\dfrac{r}{s} = \dfrac{r+R}{s'}$

(4) Y結線の二次巻線の抵抗 r〔Ω〕

測定値 R

$r = \dfrac{R}{2}$〔Ω〕

R：スリップリング間抵抗

数学の公式

三角形の比の公式

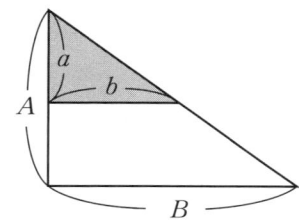

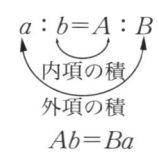

$a : b = A : B$
内項の積
外項の積
$Ab = Ba$

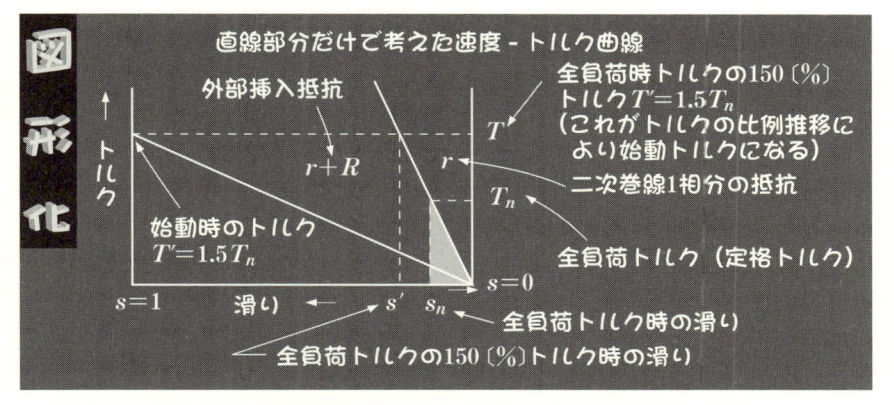

図形化

直線部分だけで考えた速度－トルク曲線

外部挿入抵抗／全負荷時トルクの150〔％〕トルク$T'=1.5T_n$（これがトルクの比例推移により始動トルクになる）

二次巻線1相分の抵抗

始動時のトルク $T'=1.5T_n$

全負荷トルク（定格トルク）

$s=1$　滑り　s'　s_n　$s=0$

全負荷トルク時の滑り

全負荷トルクの150〔％〕トルク時の滑り

●計算手順●

1 三相誘導電動機の同期速度を求める．

$$N_s = \frac{120f}{p} = \frac{120 \times 50}{6} = 1\,000 \ [\text{min}^{-1}]$$

2 全負荷運転時の滑り s_n を求める．

$$s_n = \frac{N_s - N}{N_s} = \frac{1\,000 - 960}{1\,000} = 0.04$$

3 全負荷トルクの150〔％〕のトルク T' における滑り s' を三角形の比の公式を使って求める（図形化参照）．

$$s_n : T_n = s' : T'$$

題意より，$T' = 1.5T_n$ であるから，

$$s' = \frac{T'}{T_n} \times s_n = \frac{1.5T_n}{T_n} \times s_n = 1.5 \times 0.04 = 0.06$$

4 二次巻線1相の抵抗 $r = \dfrac{0.2}{2} = 0.1$ 〔Ω〕

5 トルクの比例推移の公式から，外部抵抗 R を求める．

$$\frac{0.1}{0.06} = \frac{0.1 + R}{1} \qquad \therefore \ R = \frac{0.1}{0.06} - 0.1 = 1.57 \ [\Omega]$$

●答● (2)

テーマ66 誘導電動機の出力と効率の計算

●問 題●

定格出力55〔kW〕，定格周波数50〔Hz〕，6極の三相巻線形誘導電動機があり，定格状態において滑り3〔%〕，固定損1 920〔W〕，銅損3 850〔W〕である．この電動機をトルク一定のまま，二次回路に抵抗を挿入して，回転速度を776〔min^{-1}〕に変更した場合，効率〔%〕はいくらとなるか．正しい値を次のうちから選べ．

(1) 72.4　(2) 79.6　(3) 86.9　(4) 88.4　(5) 90.5

電気の公式

(1) 同期速度　$N_s = \dfrac{120f}{p}$〔min^{-1}〕

(2) 滑り　$s = \dfrac{N_s - N}{N_s}$（小数）

(3) 回転速度　$N = N_s(1-s)$〔min^{-1}〕

(4) 出力　$P = \omega T = 2\pi \times \dfrac{N}{60} T$〔W〕

(5) 効率　$\eta = \dfrac{\text{出力}}{\text{入力}} \times 100$〔%〕

$= \dfrac{\text{出力}}{\text{出力} + \text{銅損} + \text{固定損}} \times 100$〔%〕

数学の知識

次の条件の場合は，比例式，比の式で表される．

(1) トルクは一定である．
(2) トルクは変わらないものとする．

〔例〕公式 $P = 2\pi \times \dfrac{n}{60} T$ の場合

比例式：$P = kN$，$P \propto N$

比の式：$P_1 : N_1 = P_2 : N_2$

図形化

固定損 1 920 [W]

一次鉄損　二次鉄損

一次入力 66.77 [kW]（一定）　固定子側　二次入力　回転子側　出力 55 [kW]

一次銅損　二次銅損

銅損 3 850 [W]

$P_2 = \omega_s T$ よりトルク T が一定であれば二次入力 P_2 も一定となる．P_2 が一定であれば一次入力も一定．

滑り $s \to s'$

P_2　P_n　sP_2　55 [kW]　P　$s'P_2$　44 [kW]

滑りが変化すると二次銅損と出力が変化する．

●計算手順●

1. 同期速度 N_s と定格時の回転速度 N_n を求める．

$$N_s = \frac{120f}{p} = \frac{120 \times 50}{6} = 1\,000 \ [\text{min}^{-1}]$$

$$N_n = N_s(1-s) = 1\,000(1-0.03) = 970 \ [\text{min}^{-1}]$$

2. 抵抗挿入時の出力 P を求める．

トルクが一定であるので，出力は回転速度に比例する．

$$P_n : N_n = P : N, \ \text{または} \ P_n : (1-s) = P : (1-s')$$

$$P = P_n \times \frac{N}{N_n} = 55 \times \frac{776}{970} = 44 \ [\text{kW}]$$

3. 抵抗挿入時の効率 η を求める．

$$\eta = \frac{44 \times 10^3}{55 \times 10^3 + 1\,920 + 3\,850} \times 100 = 72.4 \ [\%]$$

●答● (1)

テーマ67 同期発電機の短絡比と同期インピーダンスに関する計算

●問題●

定格出力10〔MV・A〕，定格電圧6〔kV〕の三相同期発電機の同期インピーダンス〔Ω〕はいくらか．正しい値を次のうちから選べ．ただし，短絡比は1.2とする．

(1) 1.8　　(2) 2.6　　(3) 3.0　　(4) 4.3　　(5) 5.2

電気の公式

(1) 短絡比 K

$$K = \frac{\text{無負荷で定格電圧を誘起する励磁電流 } i_1}{\text{定格電流に等しい短絡電流を流す励磁電流 } i_2}$$

(2) 短絡電流 I_s

$I_s = KI_n$　　I_n：定格電流〔A〕

$P_n = \sqrt{3}V_n I_n$〔V・A〕　　P_n：定格容量〔V・A〕

(3) $\dfrac{1}{K} = \dfrac{I_n}{I_s} = \dfrac{I_n}{\frac{V_n}{\sqrt{3}Z_s}} = \dfrac{\sqrt{3}V_n Z_s}{V_n} = Z_u$〔p.u.〕

Z_s：同期インピーダンス〔Ω〕
Z_u：単位法で表した同期インピーダンス〔p.u.〕
V_n：定格電圧〔V〕

数学の公式

直線のグラフ　三角形の比を用いる．

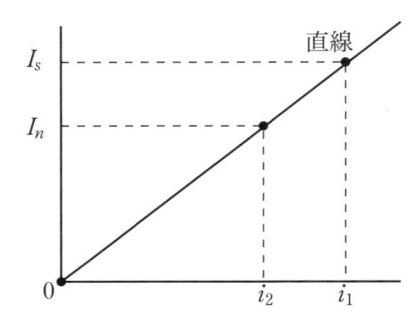

比：$I_s : I_n = i_1 : i_2$
積：$I_n i_1 = I_s i_2$
商：$\dfrac{I_s}{I_n} = \dfrac{i_1}{i_2}$
短絡比 $K = \dfrac{I_s}{I_n} = \dfrac{i_1}{i_2}$
（比の値）

図形化

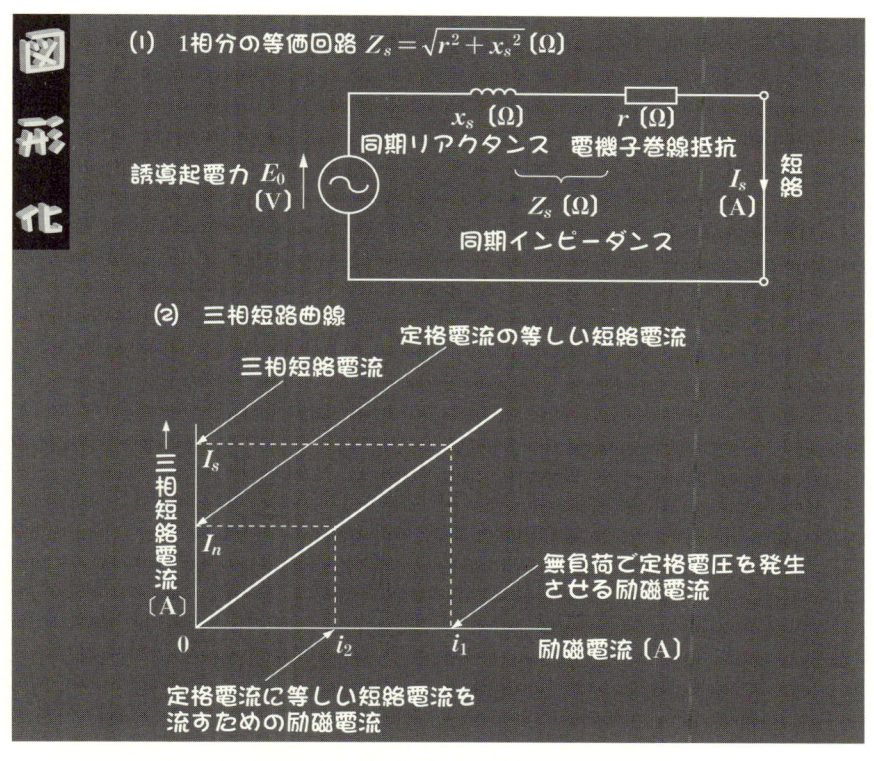

(1) 1相分の等価回路 $Z_s = \sqrt{r^2 + x_s^2}$ 〔Ω〕

- x_s 〔Ω〕 同期リアクタンス
- r 〔Ω〕 電機子巻線抵抗
- Z_s 〔Ω〕 同期インピーダンス
- 誘導起電力 E_0 〔V〕
- I_s 〔A〕 短絡

(2) 三相短路曲線
- 三相短路電流
- 定格電流の等しい短絡電流
- I_s
- I_n
- 無負荷で定格電圧を発生させる励磁電流
- 定格電流に等しい短絡電流を流すための励磁電流
- 励磁電流〔A〕
- i_2, i_1

●計算手順●

1 同期発電機の定格電流 I_n を求める．

$$I_n = \frac{10\,000}{\sqrt{3} \times 6} \fallingdotseq 962.25 \text{〔A〕}$$

2 無負荷端子電圧が定格電圧となる界磁電流に対する三相短絡電流 I_s を求める．

$$I_s = KI_n = 1.2 \times 962.25 = 1\,154.7 \text{〔A〕}$$

3 同期インピーダンス Z_s を求める．

$$Z_s = \frac{V_n}{\sqrt{3}\,I_s} = \frac{6\,000}{\sqrt{3} \times 1\,154.7} \fallingdotseq 3.0 \text{〔Ω〕}$$

●答● (3)

テーマ68 同期発電機の電圧降下の計算

●問　題●

定格出力が5 000〔kV・A〕，定格電圧6 600〔V〕，同期インピーダンス6.4〔Ω/相〕の三相同期発電機がある．この発電機の定格出力，遅れ力率80〔％〕において，同期インピーダンスによる線間電圧降下〔kV〕はいくらか．正しい値を次のうちから選べ．ただし，電機子抵抗は，無視するものとする．

(1) 2.8　　(2) 3.5　　(3) 4.8　　(4) 5.6　　(5) 6.4

電気の公式

(1) 同期インピーダンス

$Z_s = \sqrt{r^2 + x_s^2}$ 〔Ω〕，rを無視した場合：$Z_s = x_s$

(2) 単位法で表したZ_{pu}，r_{pu}，x_{spu}

$Z_{pu} = \dfrac{\sqrt{3}\,ZI_n}{V_n}$，$r_{pu} = \dfrac{\sqrt{3}\,rI_n}{V_n}$，$x_{spu} = \dfrac{\sqrt{3}\,x_s I_n}{V_n}$

(3) 定格電流

$I_n = \dfrac{P_n}{\sqrt{3}\,V_n}$ 〔A〕

P_n：定格容量〔V・A〕
V_n：定格電圧〔V〕

(4) 電圧変動率

$\varepsilon = \dfrac{V_0 - V_n}{V_n} \times 100 = \dfrac{E_0 - E}{E} \times 100$ 〔％〕

V_0：無負荷端子電圧〔V〕　　E_0：無負荷相電圧〔V〕

数学の公式

(1) ピタゴラスの定理

$C^2 = (A + B\sin\theta)^2 + (B\cos\theta)^2$

(2) 余弦法則

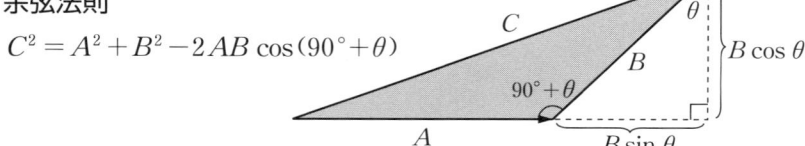

$C^2 = A^2 + B^2 - 2AB\cos(90° + \theta)$

図形化

ベクトル図の描き方

(a) 電圧 $\dot{E}$ を基準ベクトル

(b) 電流 $\dot{I}$ を基準ベクトル

θ：負荷力率角

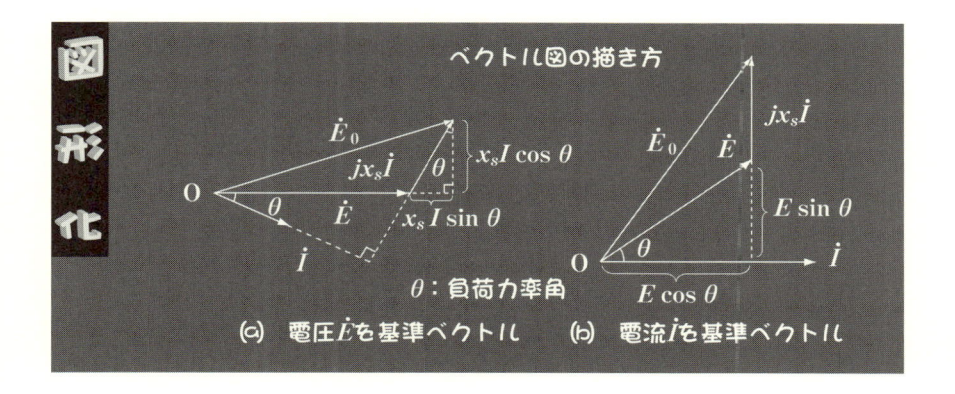

━━━━●計算手順●━━━━

1️⃣ 定格電流 I を求める．

$$I = \frac{5\,000 \times 10^3}{\sqrt{3} \times 6\,600} = \frac{50}{\sqrt{3} \times 66} \times 10^3 \fallingdotseq 438\,[\text{A}]$$

2️⃣ 同期インピーダンスによる線間電圧降下を求める．

$$\sqrt{3}IZ_s = \sqrt{3}x_sI = \sqrt{3} \times 6.4 \times 438$$
$$\fallingdotseq 2\,800 \times \sqrt{3} \fallingdotseq 4\,844\,[\text{V}] \fallingdotseq 4.8\,[\text{kV}]$$

●答● (3)

【注意】 三相同期発電機の無負荷誘導起電力から電圧変動率を求める計算は，次のように行う．

① Y結線の相電圧 E を求める．

$$E = \frac{6\,600}{\sqrt{3}} \fallingdotseq 3\,800\,[\text{V}]$$

② 無負荷相電圧をベクトル図(a)から求める．

$$E_0 = \sqrt{(3\,800 + 2\,800 \times 0.6)^2 + (2\,800 \times 0.8)^2} \fallingdotseq 5\,900\,[\text{V}]$$

③ 電圧変動率を求める．

$$\varepsilon = \frac{E_0 - E}{E} \times 100 = \frac{5\,900 - 3\,800}{3\,800} \times 100 \fallingdotseq 55\,[\%]$$

テーマ69 発電機・電動機の回転速度の計算

●問 題●

電機子回路の抵抗0.25〔Ω〕の直流分巻電動機がある．この電動機を210〔V〕の回路に接続したところ，電流が40〔A〕，回転速度が950〔min^{-1}〕であった．いま，この電動機をその回路に接続したまま直流発電機として使用し，36〔A〕を回路に変換するには，この発電機の回転速度〔min^{-1}〕をいくらにしなければならないか．正しい値を次のうちから選べ．ただし，界磁回路の抵抗を105〔Ω〕とし，電機子反作用の影響は無視するものとする．

(1) 945　　(2) 965　　(3) 985　　(4) 1 020　　(5) 1 040

電気の公式

(1) 電機子誘導起電力　$E = \dfrac{pZ}{a} \cdot \dfrac{N}{60} \cdot \phi = KN\phi$ 〔V〕

　ϕ：1極の磁束数〔Wb〕，　p：極数
　Z：電機子導体総数，　　a：並列回路数
　N：回転速度〔min^{-1}〕，K：比例定数
　E：発電機の誘導起電力，電動機の逆起電力〔V〕

(2) 分巻発電機・電動機の端子電圧

　発電機：$V = E - r_a I_a$ 〔V〕　　r_a：電機子抵抗〔Ω〕
　電動機：$V = E + r_a I_a$ 〔V〕　　I_a：電機子電流〔A〕

数学の公式

誘導起電力 E と回転速度 N の関係

　比例式　$E = KN\phi$　　ϕが一定であれば，$E \propto N$
　比の式　$E_1 : N_1 = E_2 : N_2$

　　$\dfrac{E_1}{N_1} = \dfrac{E_2}{N_2}$　　　∴　$N_2 = N_1 \dfrac{E_2}{E_1}$

図形化

(1) 電動機の場合

$I_f = 2\,[\mathrm{A}]$, $I_m = 40\,[\mathrm{A}]$, $R_f = 105\,[\Omega]$, $I_a = 38\,[\mathrm{A}]$, $r_a = 0.25\,[\Omega]$, $V = 210\,[\mathrm{V}]$, E_m

(2) 発電機の場合

$I_f = 2\,[\mathrm{A}]$, $I_g = 36\,[\mathrm{A}]$, $R_f = 105\,[\Omega]$, $I_a = 38\,[\mathrm{A}]$, $r_a = 0.25\,[\Omega]$, $V = 210\,[\mathrm{V}]$, E_g

━━━●計算手順●━━━

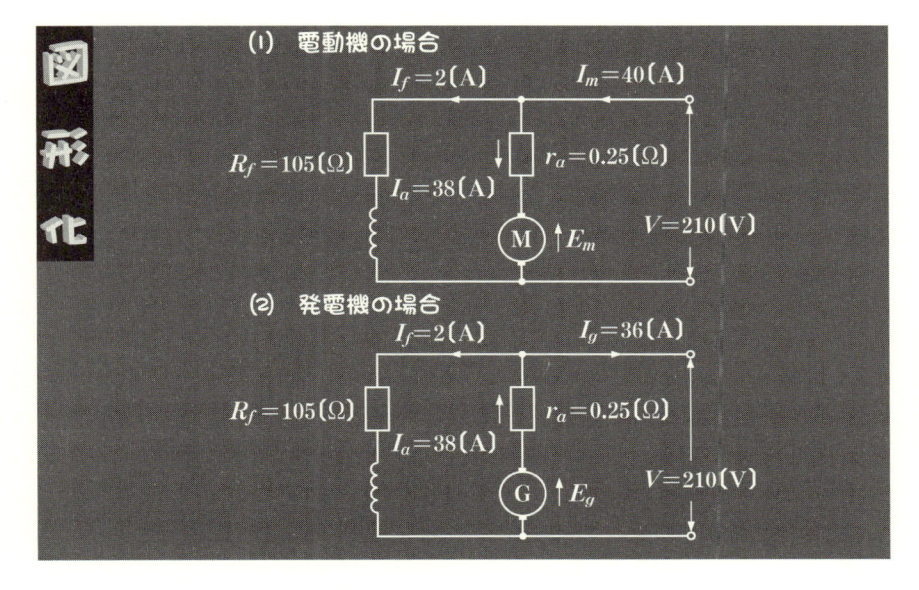

1 電動機の場合の電機子電流 I_a を求める.

$$I_a = I_m - \frac{V}{R_f} = 40 - \frac{210}{105} = 38\,[\mathrm{A}]$$

2 電動機の場合の逆起電力 E_m を求める.

$$E_m = V - I_a r_a = 210 - 38 \times 0.25 = 200.5\,[\mathrm{V}]$$

3 発電機の場合の電機子電流 I_a を求める.

$$I_a = I_g + \frac{V}{R_f} = 36 + \frac{210}{105} = 38\,[\mathrm{A}]$$

4 発電機の場合の電機子の誘導起電力 E_g を求める.

$$E_g = V + I_a r_a = 210 + 38 \times 0.25 = 219.5\,[\mathrm{V}]$$

5 発電機の場合の回転速度 N_g を求める.

$$N_g = N_m \frac{E_g}{E_m} = 950 \times \frac{219.5}{200.5} = 1\,040\,[\mathrm{min}^{-1}]$$

●答● (5)

テーマ70 直流発電機の並行運転に関する計算

●問 題●

並行運転している2台の他励直流発電機の負荷電流の和は120〔A〕であった．各機の誘導起電力および内部抵抗は，A機105〔V〕および0.04〔Ω〕，B機107〔V〕および0.05〔Ω〕である．この場合における各機の負荷分担〔%〕として，正しい値を組み合わせたのは次のうちどれか．

(1) A機　26　B機　74
(2) A機　37　B機　63
(3) A機　41　B機　59
(4) A機　63　B機　37
(5) A機　74　B機　26

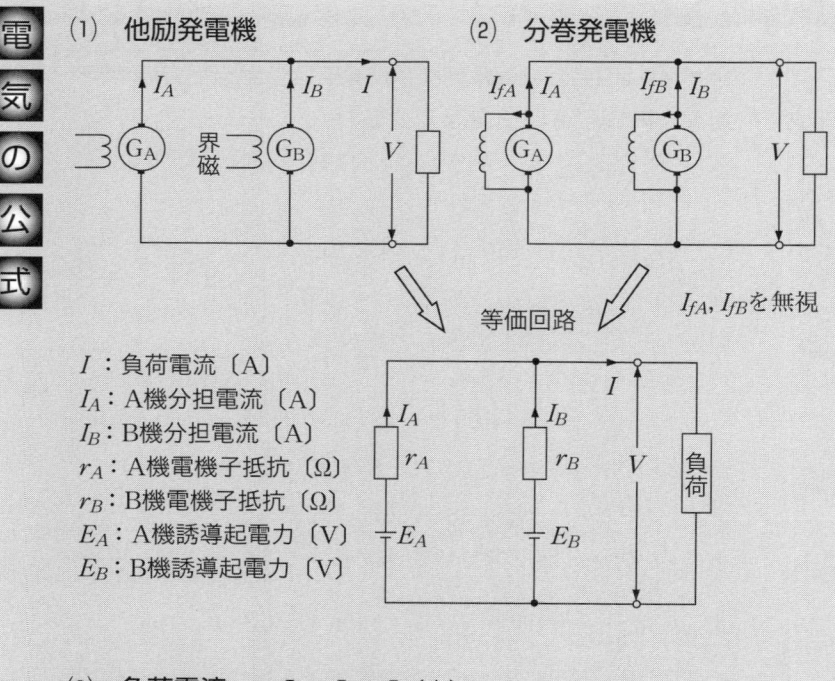

電気の公式

(1) 他励発電機　　(2) 分巻発電機

等価回路　　I_{fA}, I_{fB}を無視

I：負荷電流〔A〕
I_A：A機分担電流〔A〕
I_B：B機分担電流〔A〕
r_A：A機電機子抵抗〔Ω〕
r_B：B機電機子抵抗〔Ω〕
E_A：A機誘導起電力〔V〕
E_B：B機誘導起電力〔V〕

(3) 負荷電流　　$I = I_A + I_B$〔A〕

(4) 端子電圧　　$V = E_A - r_A I_A = E_B - r_B I_B$〔V〕

図形化

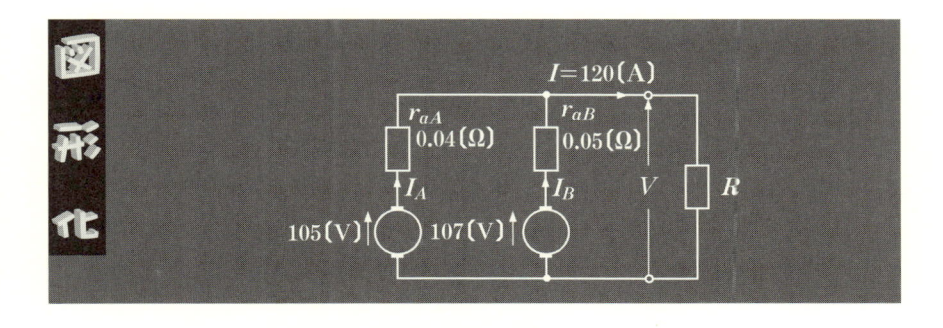

[回路図: $I=120$ [A], $r_{aA}=0.04$ [Ω], $r_{aB}=0.05$ [Ω], I_A, I_B, 105 [V], 107 [V], V, R]

━━━━●計算手順●━━━━

1 発電機並列運転時の等価回路を描く．（図形化）

2 等価回路から回路方程式をたてる．

$I_A + I_B = 120$ [A] ①

$V = 105 - 0.04 I_A = 107 - 0.05 I_B$

$-0.04 I_A + 0.05 I_B = 107 - 105 = 2$

$-4 I_A + 5 I_B = 200$ ②

3 ①，②式の連立方程式を解き，I_A および I_B を求める．

②式＋①式×4を計算すると，

$9 I_B = 680$ ∴ $I_B = \dfrac{680}{9} \fallingdotseq 75.556$ [A]

(1)式より，

$I_A = 120 - I_B = 120 - \dfrac{680}{9} = \dfrac{400}{9} \fallingdotseq 44.444$ [A]

4 A機およびB機の負荷分担を求める．

A機：$\dfrac{44.444}{120} \times 100 \fallingdotseq 37.0$ [％]

B機：$\dfrac{75.556}{120} \times 100 \fallingdotseq 63.0$ [％]

●答● (2)

テーマ71 直流電動機の発生トルクの計算

●問　題●

　ある他励式直流電動機の界磁電流が5〔A〕，回転速度が1 000〔min⁻¹〕のときの逆起電力が440〔V〕で，電機子電流は30〔A〕であった．このときの発生トルク〔N・m〕の値として，正しいのは次のうちどれか．

(1)　12.9　　(2)　126　　(3)　146　　(4)　156　　(5)　166

電気の公式

(1)　誘導起電力（電動機の場合は逆起電力）

　1極の磁束数を ϕ〔Wb〕，極数を p，回転速度を N〔min⁻¹〕，導体数を Z，並列回路数を a とすれば，誘導起電力は，

$$E = \frac{Z}{a} p\phi \frac{N}{60} = K\phi N \text{〔V〕}$$

(2)　発生トルク

$$T = \frac{Z}{a} \frac{p\phi I_a}{2\pi} = \frac{60EI_a}{2\pi N} = K'\phi I_a \text{〔N・m〕}$$

I_a：電機子電流

(3)　出力

$$P = EI_a = 2\pi \frac{N}{60} T \text{〔W〕}$$

数学の知識

比例式とグラフ（他励電動機 f，V 一定）

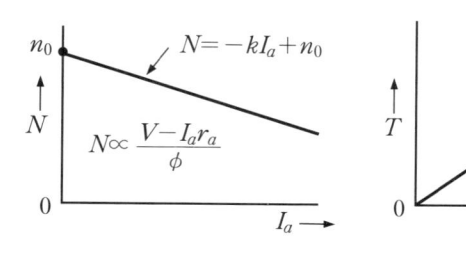

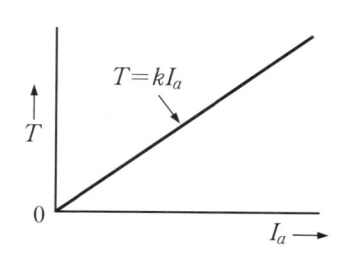

n_0
$N = -kI_a + n_0$
$N \propto \frac{V - I_a r_a}{\phi}$

$T = kI_a$

図形化

界磁電流 $I_f=5$ 〔A〕
R_f
r_a:電機子抵抗
I_a:電機子電流（＝負荷電流）
M　E:逆起電力
V:端子電圧

●計算手順●

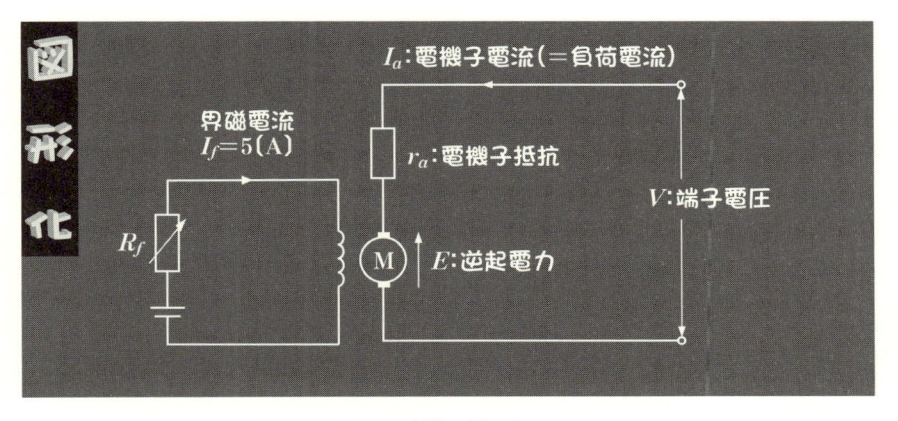

1　発生トルクの公式を求める．

$$T = \frac{60 E I_a}{2\pi N} \text{〔N·m〕}$$

2　問題の値を公式に代入する．

$$T = \frac{60 \times 440 \times 30}{2 \times 3.14 \times 1\,000} = 126 \text{〔N·m〕}$$

●答● (2)

【類題】　定格電圧215〔V〕の他励直流電動機がある．電機子電流25〔A〕のとき回転速度は1 500〔min^{-1}〕であった．いま，励磁電流を一定に保ち，負荷トルクを大きくしたところ，電機子電流は35〔A〕に増えた．このときの回転速度〔min^{-1}〕はいくらか．正しい値を次のうちから選べ．ただし，電機子回路の抵抗を0.2〔Ω〕とし，電機子反作用の影響は無視するものとする．

(1)　1 486　　(2)　1 490　　(3)　1 494　　(4)　1 498　　(5)　1 500

〔解き方〕　次の手順で解けばよい．

①　$E_1 = 215 - 0.2 \times 25 = 210$〔V〕

②　$E_2 = 215 - 0.2 \times 35 = 208$〔V〕

③　$N_2 = N_1 \times \dfrac{E_2}{E_1} = 1\,500 \times \dfrac{208}{210} \fallingdotseq 1\,486$〔min^{-1}〕

●答● (1)

テーマ72 直流電動機の始動電流と始動抵抗

●問 題●

電機子抵抗0.4〔Ω〕,界磁抵抗55〔Ω〕の直流分巻電動機がある.これに定格電圧110〔V〕を加えたとき,(a)始動電流〔A〕はいくらになるか.(b)また,始動電流を定格電流の1.5倍に制限するには,電機子にいくらの始動抵抗〔Ω〕を入れればよいか.正しい値を組み合わせたのは次のうちどれか.ただし,定格状態で運転しているときの逆起電力は100〔V〕とする.

(1) (a)269, (b)2.41 (2) (a)270, (b)2.40 (3) (a)277, (b)2.46
(4) (a)281, (b)2.41 (5) (a)286, (b)2.41

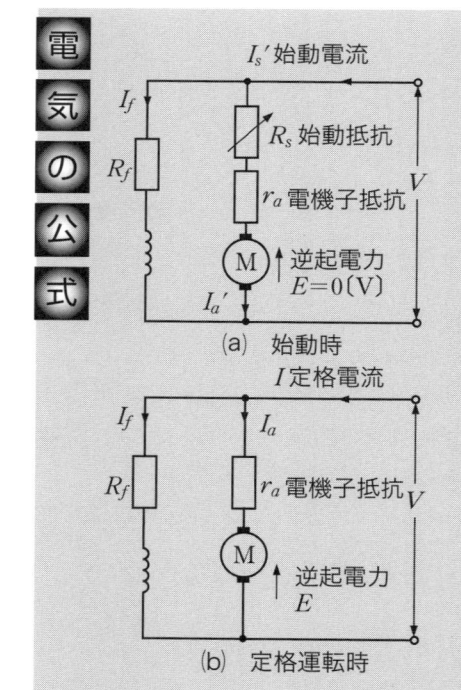

電気の公式

分巻電動機の始動電流

(1) 始動時 $E=0$

(2) R_s挿入前の始動電流

$$I_s = I_a + I_f = \frac{V}{r_a} + \frac{V}{R_f} \text{〔A〕}$$

(3) R_s挿入後の始動電流

$$I_s' = \frac{V}{r_a + R_s} + \frac{V}{R_f} \text{〔A〕}$$

(4) 定格電流

$$I = \frac{V-E}{r_a} + \frac{V}{R_f} \text{〔A〕}$$

(5) 出力

$$P = EI_a = (V - r_a I_a)I_a \text{〔W〕}$$

(a) 始動時

(b) 定格運転時

図形化

(a) 始動抵抗挿入前: $V=110$ (V), I_a, $r_a=0.4$ (Ω), I_f, $R_f=55$ (Ω), I_s:始動電流, $E=0$ (V)

(b) 始動抵抗挿入後: $V=110$ (V), I_a', $r_a=0.4$ (Ω), 始動抵抗 R_s, I_f, $R_f=55$ (Ω), I_s:始動電流, $E=0$ (V)

●計算手順●

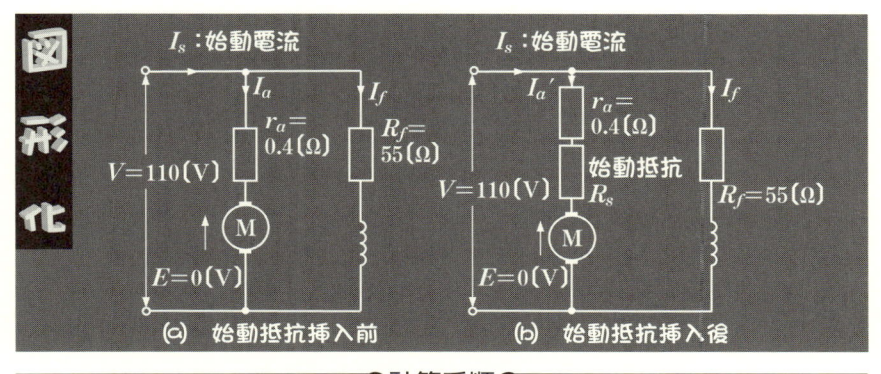

1. 始動時の始動電流 I_s を求める.

$$I_s = \frac{V}{r_a} + \frac{V}{R_f} = \frac{110}{0.4} + \frac{110}{55} = 277 \text{ (A)}$$

2. 定格電流 I を求める.

$$I = \frac{V-E}{r_a} + \frac{V}{R_f} = \frac{110-100}{0.4} + \frac{110}{55} = 27 \text{ (A)}$$

3. 定格電流 I の1.5倍の始動電流 I_s' を求める.

$$I_s' = 27 \times 1.5 = 40.5 \text{ (A)}$$

4. 始動抵抗 R_s を求める.

$$I_s' = \frac{V}{r_a + R_s} + \frac{V}{R_f} = \frac{110}{0.4 + R_s} + \frac{110}{55} = 40.5$$

$$\frac{110}{0.4 + R_s} + 2 = 40.5$$

$$\frac{110}{0.4 + R_s} = 38.5$$

$$R_s = \frac{110 - 38.5 \times 0.4}{38.5} \fallingdotseq 2.46 \text{ (Ω)}$$

●答● (3)

テーマ73 サイリスタの整流回路に関する計算

●問 題●

定格出力200〔kW〕，定格電圧440〔V〕，定格電流500〔A〕，定格回転速度900〔min^{-1}〕，電機子回路の抵抗0.022〔Ω〕の他励直流電動機がある．その電機子は，図のようにサイリスタ6個を用いた三相全波整流回路を介して一定電圧の交流電源に接続されており，定格電圧時の制御角は30度である．いまサイリスタの制御角を60度として定格時と同じトルクで運転する場合，この電動機の回転速度〔min^{-1}〕として，正しいのは次のうちどれか．ただし励磁電流は一定とする．

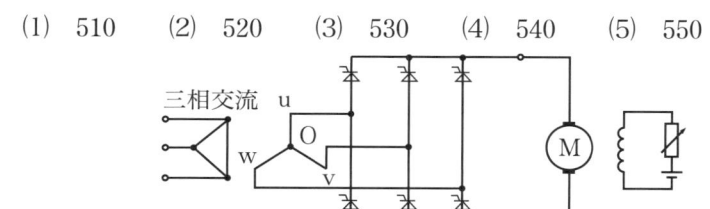

(1) 510　(2) 520　(3) 530　(4) 540　(5) 550

電気の公式

(1) 単相半波整流回路の直流平均出力電圧（誘導性負荷の場合）

$$E_a = \frac{\sqrt{2}}{\pi} E \cos \alpha = 0.45 E \cos \alpha \ \text{〔V〕}$$

E：実効値
α：制御角

(2) 単相全波整流回路の直流平均出力電圧（誘導性負荷の場合）

$$E_a = \frac{2\sqrt{2}}{\pi} E \cos \alpha = 0.9 E \cos \alpha \ \text{〔V〕}$$

(3) 三相半波整流回路の直流平均出力電圧（誘導性負荷の場合）

$$E_a = \frac{3\sqrt{6}}{2\pi} E \cos \alpha = 1.17 E \cos \alpha \ \text{〔V〕}$$

(4) 三相全波整流回路の直流平均出力電圧（誘導性負荷の場合）

$$E_a = \frac{3\sqrt{6}}{\pi} E \cos \alpha = 2.34 E \cos \alpha \ \text{〔V〕}$$

図形化

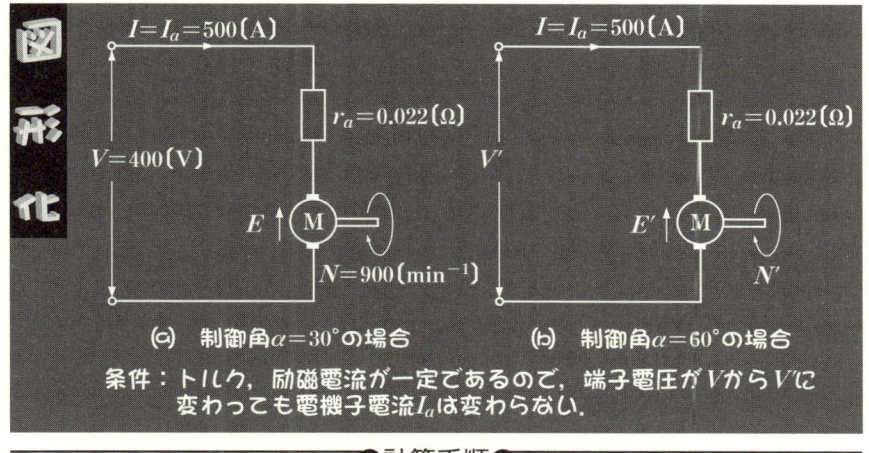

(a) 制御角 $\alpha=30°$ の場合
- $I = I_a = 500$ [A]
- $r_a = 0.022$ [Ω]
- $V = 400$ [V]
- $N = 900$ [min^{-1}]

(b) 制御角 $\alpha=60°$ の場合
- $I = I_a = 500$ [A]
- $r_a = 0.022$ [Ω]
- V'
- N'

条件：トルク，励磁電流が一定であるので，端子電圧が V から V' に変わっても電機子電流 I_a は変わらない．

●計算手順●

1. 制御角30°と60°のとき直流平均電圧 E_{60d} を求める．

    $E_{30d} = 2.34 \times E \times \cos 30° = 440$ [V]   ①

    $E_{60d} = 2.34 \times E \times \cos 60° = V'$ ②

2. ①，②式より，端子電圧 V' を求める．

    $V' = 440 \times \dfrac{\cos 60°}{\cos 30°} = 440 \times \dfrac{0.5}{0.866} \fallingdotseq 254$ [V]

3. $\cos 30°$ 時の電動機の誘導起電力 E を求める．

    $E = V - r_a I = 440 - 500 \times 0.022 = 429$ [V]

4. $\cos 60°$ 時の電動機の誘導起電力 E' を求める．

    $E' = V' - r_a I = 254 - 500 \times 0.022 = 243$ [V]

5. 制御角60°における回転速度 N' を求める．

    $N' = N \times \dfrac{E'}{E} = 900 \times \dfrac{243}{429}$

    $= 510$ [min^{-1}]

●答● (1)

テーマ74 立体角に関する光束・照度の計算

●問 題●

半径 a〔m〕の円形テーブルの中心の直上 a〔m〕の高さに，各方向に一様な配光を有する点光源が取り付けられている．円形テーブルの平均照度は，円形テーブルの中心の照度の何倍となるか．正しい値を次のうちから選べ．

(1) 0.59　　(2) 0.64　　(3) 0.72　　(4) 0.75　　(5) 0.80

電気の公式

(1) 立体角：$\omega = 2\pi(1-\cos\theta)$〔sr〕

(2) $E = \dfrac{F}{S} = \dfrac{\omega I}{\pi r^2}$〔lx〕

(3) $E_O = \dfrac{I}{r^2}$〔lx〕

E：テーブルの平均照度〔lx〕
E_O：テーブル中心の照度〔lx〕，F：テーブル上の全光束〔lm〕
S：テーブルの面積〔m²〕，I：光度〔cd〕　r：テーブルの半径〔m〕

$\cos\theta = \dfrac{h}{\sqrt{r^2+h^2}}$
$l = \sqrt{r^2+h^2}$

数学の公式

(1) **立体角**　空間の広がり度合を表す量で，図のように半径1〔m〕の球において，錐面が切りとる表面積の大きさで表される．

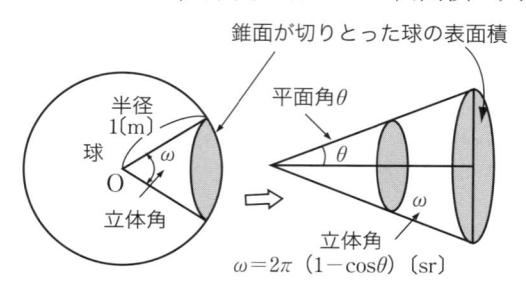

$\omega = 2\pi(1-\cos\theta)$〔sr〕

(2) **半径 r の球の立体角**　$\omega = \dfrac{\text{球の表面積}}{\text{半径の2乗}} = \dfrac{4\pi r^2}{r^2} = 4\pi$〔sr〕

図形化

●計算手順●

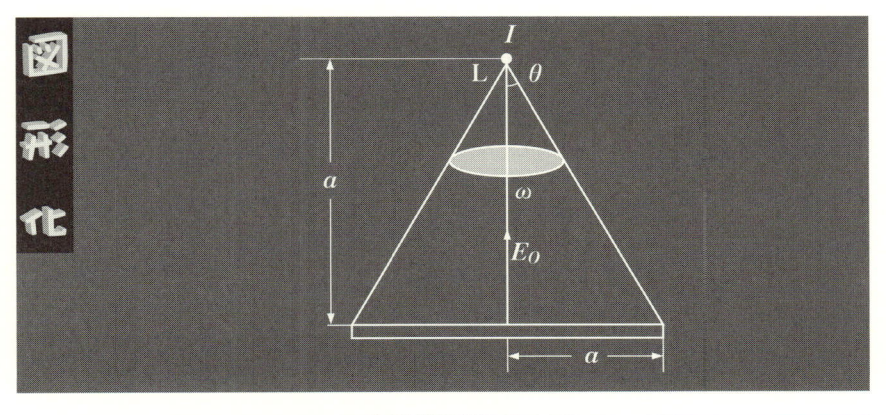

▷1 光源Lから円形テーブルを見込む立体角ωを求める．

$$\omega = 2\pi(1-\cos\theta) \;[\text{sr}]$$

$$\cos\theta = \frac{a}{\sqrt{a^2+a^2}} = \frac{1}{\sqrt{2}}$$

$$\therefore \quad \omega = 2\pi(1-\cos\theta) = 2\pi\left(1-\frac{1}{\sqrt{2}}\right) \fallingdotseq 0.5858\pi \;[\text{sr}]$$

▷2 テーブルに入射する光束Fを求める．

$$F = \omega I = 0.5858\pi I \;[\text{lm}]$$

▷3 テーブルの平均照度Eを求める．

$$E = \frac{F}{\pi a^2} = \frac{0.5858\pi I}{\pi a^2} = \frac{0.5858 I}{a^2} \;[\text{lx}]$$

▷4 円形テーブル中心の照度E_oを求める．

$$E_o = \frac{I}{a^2} \;[\text{lx}]$$

▷5 円形テーブルの平均照度Eの中心照度E_oに対する比を求める．

$$\frac{E}{E_o} = \frac{\dfrac{0.5858 I}{a^2}}{\dfrac{I}{a^2}} \fallingdotseq 0.59 \;[\text{倍}]$$

●答● (1)

テーマ75 点光源に関する水平面照度の計算

●問 題●

水平面上3〔m〕の高さにおいて，4〔m〕を隔てて二つの光源A，Bがある．その光度はいずれの方向も等しい，100〔cd〕および200〔cd〕である．A光源直下の点Pにおける水平面照度〔lx〕として，正しいのは次のうちどれか．

(1) 13.6　　(2) 15.9　　(3) 17.6　　(4) 19.9　　(5) 21.9

電気の公式

(1) 距離の逆2乗則　　(2) ランベルトの余弦法則

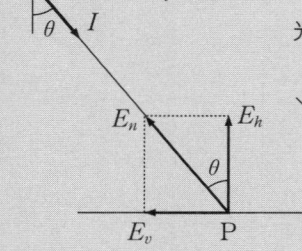

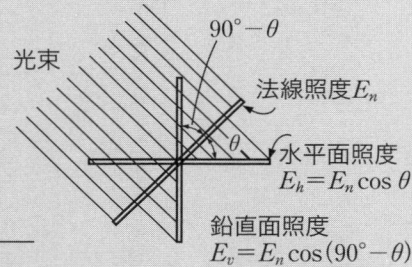

$$E = \frac{I}{l^2} \text{〔lx〕}$$

法線照度　$E_n = \dfrac{I}{l^2}$〔lx〕

水平面照度　$E_h = \dfrac{I}{l^2} \cos\theta$〔lx〕

鉛直面照度　$E_v = \dfrac{I}{l^2} \sin\theta$〔lx〕

水平面照度　$E_h = E_n \cos\theta$

鉛直面照度　$E_v = E_n \cos(90° - \theta) = E_n \sin\theta$

I：光度〔cd〕
l：AP間の距離〔m〕
θ：入射角

数学の公式

(1) 三平方の定理（ピタゴラスの定理）

$$c = \sqrt{a^2 + b^2}, \quad c^2 = a^2 + b^2$$

(2) 三角比

$$\cos\theta = \frac{b}{c} = \frac{b}{\sqrt{a^2 + b^2}}$$

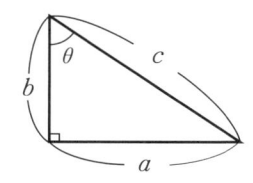

図形化

光源 A $I_a = 100$ (cd), 光源 B $I_b = 200$ (cd), $h = 3$ (m), $PQ = 4$ (m)

●計算手順●

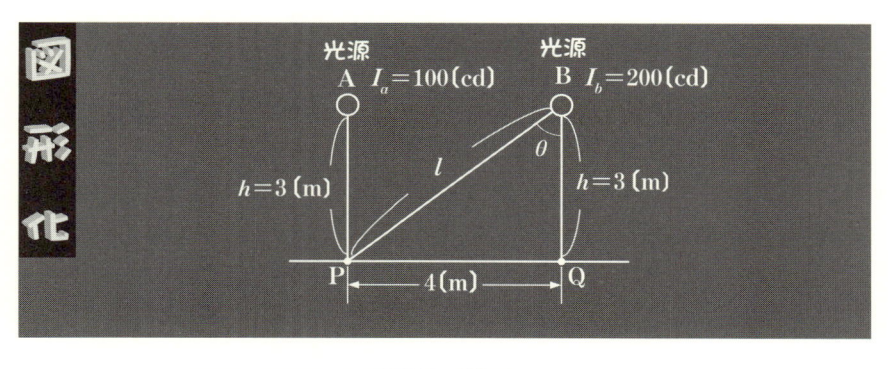

1 点Pが光源Aから受ける水平面照度E_aを求める．

$$E_a = \frac{I_a}{h^2} = \frac{100}{3^2} = \frac{100}{9} = 11.1 \text{ (lx)}$$

2 点Pが光源Bから受ける水平面照度E_bを求める．

$$\cos\theta = \frac{BQ}{l} = \frac{3}{\sqrt{4^2+3^2}} = \frac{3}{5}$$

$$l = \sqrt{(PQ)^2 + (BQ)^2} = \sqrt{4^2+3^2} = 5 \text{ (m)}$$

$$E_b = \frac{I\cos\theta}{l^2} = \frac{I\cos\theta}{\left(\dfrac{h}{\cos\theta}\right)^2} = I\cos\theta \times \frac{\cos^2\theta}{h^2}$$

$$= \frac{I\cos^3\theta}{h^2} = \frac{200}{3^2} \times \left(\frac{3}{5}\right)^3 = 4.8 \text{ (lx)}$$

3 点Pの照度E_pを求める．

$$E_p = E_a + E_b = 11.1 + 4.8 = 15.9 \text{ (lx)}$$

●答● (2)

テーマ76 球形グローブに関する照度の計算

●問 題●

完全拡散性球形グローブの中心に，すべての方向の光度が一様に150〔cd〕の電球を入れ，床面2〔m〕の高さで点灯されている．この灯器直下の床面の照度〔lx〕はいくらか．正しい値を次のうちから選べ．ただし，グローブの吸収率を10〔%〕とし，球面内の相互反射は無視するものとする．

(1) 13.8　　(2) 23.8　　(3) 33.8　　(4) 43.8　　(5) 53.8

電気の公式

(1) 球形グローブの透過光束

$$F_0 = \frac{\tau F}{1-\rho} \text{〔lm〕}$$

(2) 球形グローブ外面の光度

$$I_0 = \frac{F_0}{4\pi} = \frac{\tau F}{4\pi(1-\rho)} \text{〔cd〕}$$

(3) 光源直下の照度

$$E_n = \frac{\tau F}{4\pi h^2 (1-\rho)} \text{〔lx〕}$$

(4) 反射率ρ，透過率τ，吸収率αの関係

$$\rho + \tau + \alpha = 1$$

(5) 球の表面積

$$S = 4\pi r^2 \text{〔m}^2\text{〕}$$

r：球の半径〔m〕

(6) 球グローブの立体角

$$\omega = 4\pi \text{〔sr〕}$$

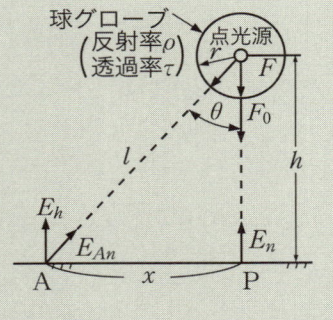

図形化

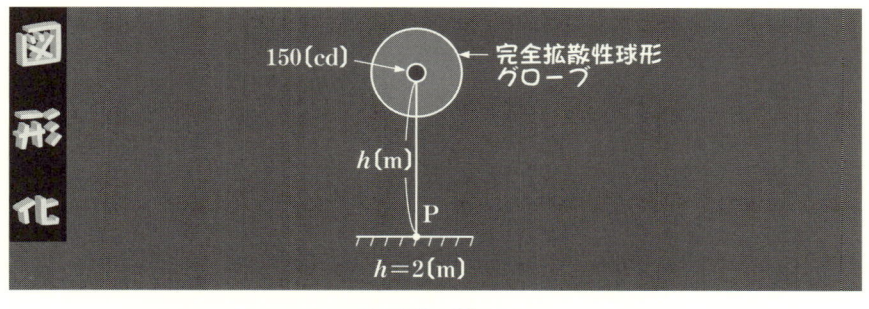

150〔cd〕　完全拡散性球形グローブ

h〔m〕

P

$h=2$〔m〕

━━━━━●計算手順●━━━━━

1▷ 電球の出している全光束Fを求める．

$F = 4\pi I$ 〔lm〕

2▷ 吸収率$\alpha = 0.1$，反射率$\rho = 0$から透過率τを求める．

$\tau = 1 - \rho - \alpha = 1 - 0.1 = 0.9$

3▷ 球形グローブの外面より発散する全光束F_0を求める．

$F_0 = \tau F = 0.9 \times 4\pi I$ 〔lm〕

4▷ 球形グローブ外面の光度I_0を求める．

$I_0 = \dfrac{F_0}{4\pi}$

$= \dfrac{1}{4\pi} \times 0.9 \times 4\pi I$

$= 0.9 I$ 〔cd〕

5▷ 灯器直下の照度Eを求める．

$E = \dfrac{I_0}{h^2} = \dfrac{0.9 I}{h^2}$

$= \dfrac{0.9 \times 150}{2^2}$

$= 33.75$ 〔lx〕

●答● (3)

テーマ77 配光曲線に関する照度の計算

● 問　題 ●

水平方向の光度 $I = 500$ [cd] で，鉛直角 θ の方向では，$I_\theta = I \sin\theta$ [cd] という配光をもつ点光源がある．これを床面上3 [m] に取り付けたとき，光源直下から4 [m] の点Pの水平面照度 E_h [lx] の値として，正しい値は次のうちどれか．

(1) 9.6　　(2) 11.6　　(3) 13.8　　(4) 15.6　　(5) 18.8

電気の公式

$$E_h = E_n \cos\theta = \frac{I_\theta}{l^2}\cos\theta = \frac{I\sin\theta}{l^2}\cos\theta$$

$$= \frac{I\sin\theta}{h^2}\cos^3\theta \ [\text{lx}]$$

E_h：P点の水平面照度 [lx]
I：最大光度 [cd]
θ：入射角
h：光源の高さ [m]

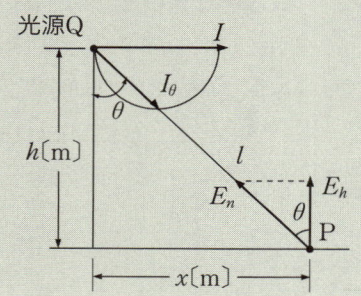

数学の公式

(1) 三平方の定理

$l = \sqrt{h^2 + x^2}$

(2) 三角比

$\sin\theta = \dfrac{x}{l}, \quad \cos\theta = \dfrac{h}{l}$

(3) $E = \dfrac{I\sin\theta}{h^2}\cos^3\theta$ 導出

$$E = \frac{I\sin\theta}{l^2}\cos\theta = \frac{I\sin\theta}{\left(\dfrac{h}{\cos\theta}\right)^2}\cos\theta$$

$$= I\sin\theta \cos\theta \frac{\cos^2\theta}{h^2} = \frac{I\sin\theta}{h^2}\cos^3\theta$$

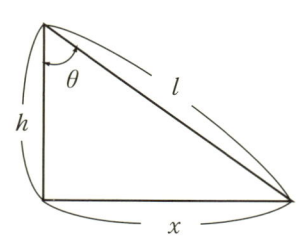

図形化

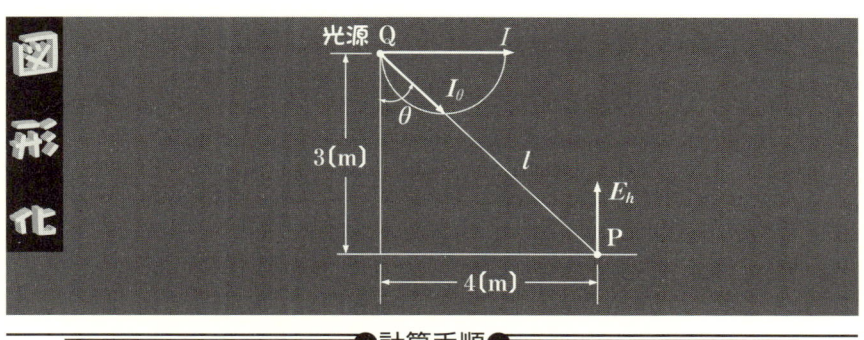

光源 Q, I, I_θ, θ, 3〔m〕, l, E_h, P, 4〔m〕

●計算手順●

1 図より，$\cos\theta$，$\sin\theta$の値を求める．

$$l = \overline{\text{QP}} = \sqrt{3^2 + 4^2} = 5 \text{〔m〕}$$

$$\sin\theta = \frac{4}{\overline{\text{QP}}} = \frac{4}{5} = 0.8$$

$$\cos\theta = \frac{3}{\overline{\text{QP}}} = \frac{3}{5} = 0.6$$

2 $E_h = \dfrac{I\sin\theta}{l^2}\cos\theta = \dfrac{500\times 0.8}{5^2}\times 0.6 = 9.6$ 〔lx〕

●答● (1)

【類題】 図のように，作業面上3〔m〕の高さのところに，蛍光灯が鉛直に点灯されている．このランプの垂直軸とθの角のなす方向の光度は，$I_{(\theta)} = 1\,000\sin\theta$〔cd〕である．光源の真下の点から，4〔m〕離れた点の水平面照度E〔lx〕として，正しい値は次のうちどれか．

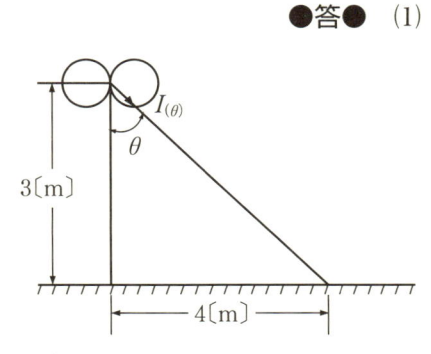

(1) 10.6　(2) 11.6　(3) 12.6　(4) 13.6　(5) 19.2

●答● (5)

テーマ78 相互反射に関する照度の計算

●問　題●

光束 F〔lm〕の小さな光源が，内壁面が完全拡散反射面（反射率 ρ）である大きな球（半径 r〔m〕）の中央に置かれている．$\rho=0.5$ の場合，内壁面照度 E は 100〔lx〕であった．$\rho=0.8$ の場合の内壁面照度〔lx〕はいくらか．正しい値を次のうちから選べ．

(1) 210　　(2) 230　　(3) 250　　(4) 270　　(5) 300

電気の公式

(1) 球内拡散光束

$$F_0 = \frac{F}{1-\rho} \;〔\mathrm{lm}〕$$

(2) 球内拡散照度

$$E = \frac{F_0}{4\pi r^2} \;〔\mathrm{lx}〕$$

(3) 器具効率

$$\eta = \frac{\tau}{1-\rho} \times 100$$

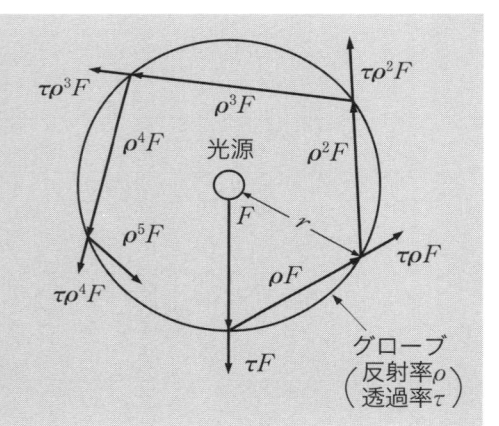

（図：球内の相互反射の様子。光源から F，順次 $\rho F, \rho^2 F, \rho^3 F, \rho^4 F, \rho^5 F$ と反射。グローブを透過して $\tau F, \tau\rho F, \tau\rho^2 F, \tau\rho^3 F, \tau\rho^4 F$。グローブは反射率 ρ，透過率 τ，半径 r）

数学の公式

(1) 球の表面積

$S = 4\pi r^2$

r：球の半径

(2) 無限等比級数（$0 \leq \rho < 1$ のとき）

$$F_0 = F + \rho F + \rho^2 F + \cdots\cdots = F(1+\rho+\rho^2+\rho^3+\cdots)$$
$$= \frac{1}{1-\rho} F$$

図形化

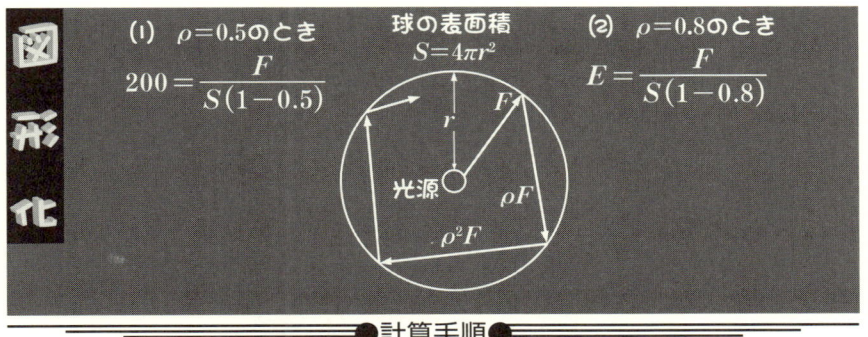

(1) $\rho=0.5$のとき
$$200=\frac{F}{S(1-0.5)}$$

球の表面積 $S=4\pi r^2$

(2) $\rho=0.8$のとき
$$E=\frac{F}{S(1-0.8)}$$

●計算手順●

公式　$E=\dfrac{F}{4\pi r^2(1-\rho)}=\dfrac{F}{S}\dfrac{1}{1-\rho}$ を使って求める.

1　$\rho=0.5$のとき $E=100$〔lx〕であるから,

$$100=\frac{F}{S}\times\frac{1}{1-0.5}=\frac{F}{0.5S} \quad \therefore\ F=50S$$

2　$\rho=0.8$のときのEの値を求める.

$$E=\frac{F}{S}\times\frac{1}{1-0.8}=\frac{50S}{S}\times\frac{1}{1-0.8}=250\ 〔\mathrm{lx}〕$$

●答●　(3)

【類題】　150〔W〕のガス入り電球を半径が20〔cm〕, 透過率が80〔％〕の球グローブ内に点じたとき, 球グローブの平均輝度〔cd/m²〕はいくらか. 次の中から正しい値を選べ. ただし, 球グローブ内の反射は無視し, また電球の光束は2 450〔lm〕とする.

(1)　1 240　　(2)　2 230　　(3)　2 660
(4)　3 240　　(5)　4 030

【解答】　$B=\dfrac{2\ 450\times 0.8}{4\times\pi\times 0.2^2\times\pi}≒1\ 240\ 〔\mathrm{cd/m}^2〕$

●答●　(1)

テーマ79 無限長直線光源に関する照度計算

●問　題●

単位長当たりに発散する光束が1 000〔lm/m〕である無限に長い直線光源が，2〔m〕の高さで作業面に平行に置かれている．作業面上で直線光源の真下から，直線光源に直交して2〔m〕離れた点の水平面照度〔lx〕として，正しい値は次のうちどれか．

(1) 25.5　　(2) 30.6　　(3) 39.8　　(4) 42.6　　(5) 55.8

電気の公式

無限長直線光源による照度

$$E_h = E_n \cos\theta = E_n \frac{h}{l} = \frac{E_n h}{\sqrt{h^2+d^2}}$$

$$= \frac{F}{2\pi l} \cdot \frac{h}{l} = \frac{\pi I h}{2l^2} \text{〔lx〕}$$

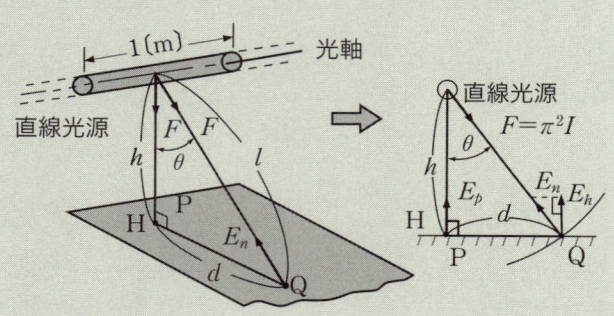

数学の公式

円筒の表面積

$$A = 2\pi r l \text{〔m}^2\text{〕}$$

r：半径〔m〕
l：長さ〔m〕

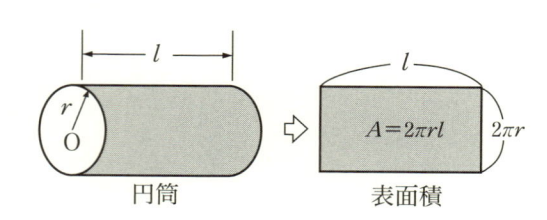

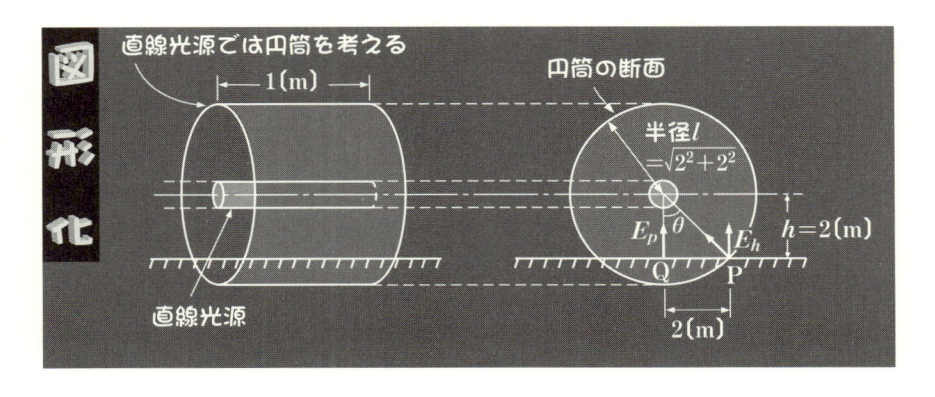

図形化 — 直線光源では円筒を考える 〔1〔m〕〕 円筒の断面 半径 $l = \sqrt{2^2+2^2}$ E_p θ E_h $h=2$〔m〕 Q P 2〔m〕 直線光源

●計算手順●

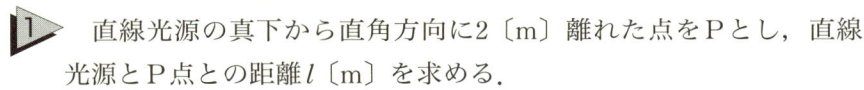

1 直線光源の真下から直角方向に2〔m〕離れた点をPとし，直線光源とP点との距離 l〔m〕を求める．

$$l = \sqrt{2^2+2^2} = 2\sqrt{2} \text{〔m〕}$$

2 P点を通り直線光源を中心とする半径 l〔m〕，長さ1〔m〕の円筒を考え，この円筒の単位表面積当たりにつらぬく光束を求める．

$$F = \frac{F_0}{2\pi l \times 1} = \frac{1\,000}{2\pi l \times 1}$$

$$= \frac{1\,000}{2\pi \times 2\sqrt{2}} = \frac{1\,000\sqrt{2}}{8\pi} = \frac{125 \times 1.414}{3.14}$$

$$= 56.3 \text{〔lm/m}^2\text{〕} \quad \leftarrow 1\text{〔lx〕}=1\text{〔lm/m}^2\text{〕}$$

3 P点の水平面照度を求める．

$$E_n = 56.3 \text{〔lm/m}^2\text{〕}$$

$$E_h = E_n \cos\theta = E_n \frac{h}{l}$$

$$= 56.3 \times \frac{2}{2\sqrt{2}} = \frac{56.3 \times 1.414}{2} = 39.8 \text{〔lx〕}$$

●答● (3)

テーマ80 室内照明における灯数の計算

●問題●

間口5〔m〕,奥行10〔m〕の家で,照明率0.5の場合,平均水平面照度を100〔lx〕とするためには,蛍光灯40〔W〕の2灯用器具が,約何個必要であるか.正しい値を次のうちから選べ.

ただし,40〔W〕の蛍光灯1灯の全光束を2500〔lm〕,保守率を0.5とする.

(1) 2 (2) 3 (3) 4 (4) 5 (5) 6

電気の公式

$$E = \frac{FUMN}{A} \ \text{〔lx〕}$$

$$E = \frac{FUN}{AD} \ \text{〔lx〕}$$

E:室内の平均照度〔lx〕
F:照明器具1灯当たりの光束〔lm〕
N:器具灯数
U:照明率
A:被照面積〔m²〕=間口a〔m〕×奥行b〔m〕
M:保守率,D:減光補償率($D=1/M$)

数学の公式

(1) 分数式の計算

$$\frac{b}{a} \times \frac{d}{c} = \frac{bd}{ac}$$

(2) 等式の性質

両辺に0でない数や文字式をかけても割っても等式である.

図形化

[図: 間口5 [m]、奥行10 [m] の被照面積 A [m²]、水平面照度 E、1灯当たりの光束 F、N個の蛍光灯器具]

●計算手順●

1. 照明計算の公式より，灯数 N を求める．

$$E = \frac{FUNM}{A} \text{ [lx]} \text{ の公式より，} \quad N = \frac{EA}{FUM}$$

2. 上式に問題の数値を代入する．

$$N = \frac{100 \times 5 \times 10}{2\,500 \times 0.5 \times 0.5} = 8$$

3. 蛍光灯2本1組から，灯器個数を求める．

$$\text{灯器数} = \frac{8}{2} = 4 \text{ [個]}$$

●答● (3)

【類題】 図に示す半径2 [m] の作業面を4 [m] の高さから照明して，その平均照度を80 [lx] にしたい．必要とする光源の全光束 [lm] はいくらか．正しい値を次のうちから選べ．ただし，照明率を40 [%] とし，光源は1個である．

(1) 2 081　(2) 2 232　(3) 2 480
(4) 2 512　(5) 2 604

【解答】 $F = \dfrac{80 \times 2^2 \times 3.14}{0.4} = 2\,512$ [lm]

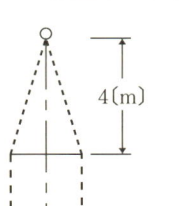

●答● (4)

テーマ81 道路照明の配列による照度の計算

●問 題●

幅15〔m〕の街路の両側に，20〔m〕の間隔で千鳥式に放電灯を設置し，街路面の平均照度を10〔lx〕とするためには，各灯柱ごとに何〔W〕の放電灯を必要とするか．正しい値を次のうちから選べ．ただし，放電灯の効率を50〔lm/W〕，照明率30〔%〕，保守率を50〔%〕とする．

(1) 100 　 (2) 200 　 (3) 300 　 (4) 400 　 (5) 500

電気の公式

平均照度

$$E = \frac{FUNM}{SW} \text{〔lx〕}$$

E：道路の平均照度〔lx〕
F：ランプ1個当たりの光束〔lm〕
U：照明率
W：道幅〔m〕
M：保守率
N：配列によって決まる定数．千鳥配列は$N=1$，両面配列は$N=2$となる．

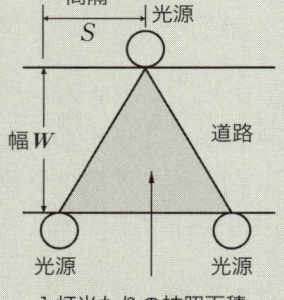

1灯当たりの被照面積 $S \times W$

数学の公式

(1) 分数式の計算

$$\frac{b}{a} \pm \frac{d}{c} = \frac{bc}{ac} \pm \frac{ad}{ac}$$

(2) 等式の性質

両辺に0でない数および式をかけても割っても，やはり等式である．

(3) 三角形の面積

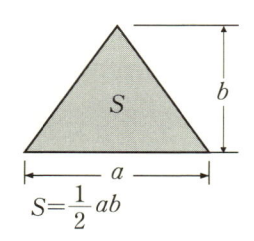

$$S = \frac{1}{2}ab$$

図形化

千鳥配列

1灯当たりの被照面積 = SW

●計算手順●

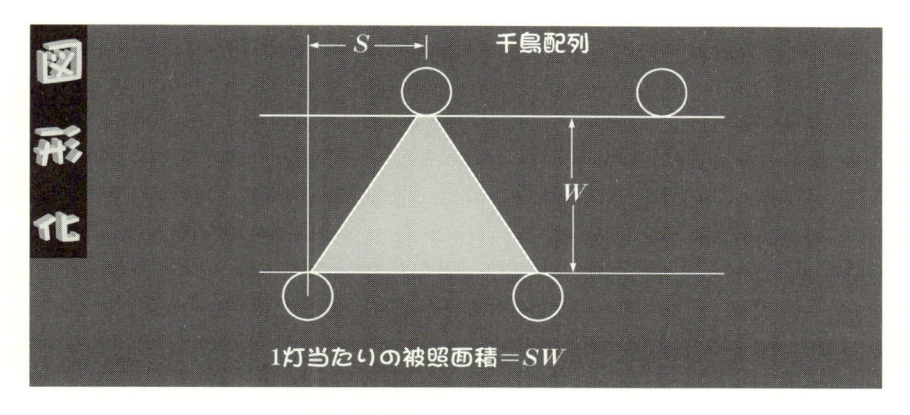

1 道路照明における照度の公式から光束Fを求める.

$$E = \frac{FUNM}{SW} \text{ [lx]}$$ の両辺に, $\frac{SW}{MUN}$ をかける.

$$F = \frac{ESW}{MUN} \text{ [lm]}$$

2 上式に問題の値を代入する.〔%〕は〔小数〕になおす.

$$F = \frac{10 \times 20 \times 15}{0.5 \times 0.3 \times 1} = \frac{200 \times 15}{0.15} = 20\,000 \text{ [lm]}$$

3 放電灯の効率 $\eta = 50$〔lm/W〕から,ワット数を求める.

$$W = \frac{F}{\eta} = \frac{20\,000}{50} = 400 \text{ [W]}$$

●答● (4)

【類題】 幅15〔m〕の無限に長い街路の両側に,間隔20〔m〕をおいて無数の街路灯が点灯されている.1灯当たりの全光束は3 000〔lm〕で,その45〔%〕が街路全面に投射するものとすれば,街路面の平均照度〔lx〕はいくらか.正しい値を次のなかから選べ.

(1) 5　　(2) 9　　(3) 18　　(4) 23　　(5) 30

【解答】 $E = \dfrac{3\,000 \times 0.45 \times 2}{15 \times 20} = 9$〔lx〕

●答● (2)

テーマ82 発熱体の太さと長さに関する計算

●問題●

抵抗率 ρ〔Ω・m〕の電熱線を E〔V〕の電源につなぎ, I〔A〕の電流を流そうとする．表面電力密度を W_d〔W/m²〕とするとき，電熱線の直径 d〔m〕および長さ l〔m〕を表す式として，正しいものを組み合わせたのは次のうちどれか．

(1) $d = \sqrt[3]{\dfrac{4\rho I^2}{\pi^2 W_d}}$　　$l = E\sqrt[3]{\dfrac{I}{4\pi\rho W_d{}^2}}$

(2) $d = \sqrt[3]{\dfrac{4\rho I}{\pi^2 W_d}}$　　$l = E\sqrt[3]{\dfrac{I}{4\pi\rho W_d{}^2}}$

(3) $d = \sqrt[3]{4\pi^2 \rho I^2 W_d}$　　$l = E\sqrt{I\rho W_d}$

(4) $d = \sqrt{\rho I W_d}$　　$l = E\sqrt{I\rho W_d}$

(5) $d = \sqrt{4\pi\rho I W_d}$　　$l = E\sqrt[3]{I\rho W_d}$

電気の公式

(1) 発熱体の太さ d〔m〕

$$d = \dfrac{4\rho l^2 W_d}{E^2} = \sqrt[3]{\dfrac{4\rho}{\pi^2 W_d}\left(\dfrac{P}{E}\right)^2}\ \text{〔m〕}$$

(2) 発熱体の長さ l〔m〕

$$l = \dfrac{P}{\pi d W_d} = E\sqrt[3]{\dfrac{I}{4\rho\pi W_d{}^2}}\ \text{〔m〕}$$

P：電力〔W〕，E：電圧〔V〕，I：電流〔A〕
ρ：抵抗率〔Ω・m〕，W_d：表面電力密度 $= \dfrac{P}{\pi d l}$〔W/m²〕

数学の公式

(1) **指数法則**
$(a^m)^n = a^{mn}$
$(a \cdot b)^n = a^n b^n$
$\sqrt[n]{a} \cdot \sqrt[n]{b} = \sqrt[n]{ab}$
$a^{\frac{m}{n}} = \sqrt[n]{a^m}$

(2) 3乗根の計算は関数電卓の y^x キーを使って計算するが，手計算では，$\sqrt[3]{a} = a^{\frac{1}{3}}$ の形になおしてから，a の値が $a_0{}^3$ と表すことができないと手計算はできない．

$\sqrt[3]{a} = a^{\frac{1}{3}} = \left(a_0{}^3\right)^{\frac{1}{3}} = a_0$

図形化

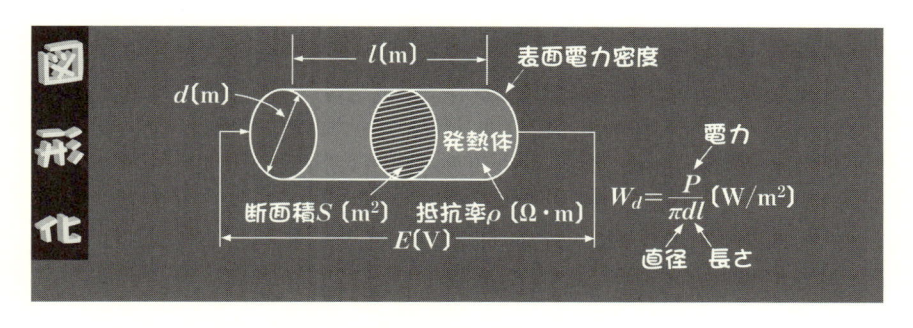

発熱体: 長さ l (m), 直径 d (m), 断面積 S (m²), 抵抗率 ρ (Ω·m), 電圧 E (V), 表面電力密度 $W_d = \dfrac{P}{\pi d l}$ (W/m²)

●計算手順●

1 電熱線の抵抗 R を求める．

$$R = \frac{E}{I} = \rho \frac{l}{\pi \left(\dfrac{d}{2}\right)^2} = \frac{4\rho l}{\pi d^2} \ (\Omega)$$

$$\therefore \ \frac{l}{d^2} = \frac{\pi E}{4\rho I} \qquad \text{①}$$

2 電熱線の表面電力密度 W_d を求める．

$$W_d = \frac{EI}{\pi d l} \ (\text{W/m}^2) \qquad \text{②}$$

$$\therefore \ dl = \frac{EI}{\pi W_d}$$

3 ②式を①式で除して，電熱線の直径 d を求める．

$$dl \cdot \frac{d^2}{l} = \frac{EI}{\pi W_d} \cdot \frac{4\rho I}{\pi E}$$

$$\therefore \ d^3 = \frac{4\rho I^2}{\pi^2 W_d}$$

$$\therefore \ d = \sqrt[3]{\frac{4\rho I^2}{\pi^2 W_d}} \ (\text{m})$$

4 ②式より，電熱線の長さ l を求める．

$$l = \frac{EI}{\pi W_d d} = \frac{EI}{\pi W_d} \sqrt[3]{\frac{\pi^2 W_d}{4\rho I^2}} = E\sqrt[3]{\frac{I}{4\pi\rho W_d^2}} \ (\text{m})$$

●答● (1)

テーマ83 誘導炉における所要電力の計算

●問 題●

鋳鋼1〔t〕を40分で溶解する電気炉に必要な入力電流〔A〕はいくらか．正しい値を次のうちから選べ．ただし，鋳鋼の初期温度は30〔℃〕，融点は1 530〔℃〕，比熱は0.67〔kJ/(kg・K)〕，融解潜熱は314〔kJ/kg〕とし，また，炉の効率は80〔%〕，供給電圧は200〔V〕とする．

(1) 1 280　(2) 1 430　(3) 1 980　(4) 2 480　(5) 3 240

電気の公式

鋳鋼を電熱で加熱・溶解するときの公式

$$3\,600PT\eta = m\{c(\theta_2 - \theta_1) + q\}$$

m：鋳鋼の重量〔kg〕　　c：比熱〔kJ/(kg・K)〕
q：溶解潜熱〔kJ/kg〕　　θ_1：溶解前の温度〔℃〕
θ_2：融点〔℃〕　　P：炉の電力〔kW〕
T：加熱時間〔h〕
η：炉の効率〔小数〕（効率の%値は小数になおして計算）

数学の知識

単位換算

1〔kW・h〕= 3 600〔kJ〕

1〔cal〕= 4.186〔J〕≒ 4.2〔J〕

1〔J〕= 1〔W・s〕

単位換算は，等式（公式）において，左辺と右辺の次元（ディメンション）を等しくするときに用いられる．

図形化

融点 $\theta_2 = 1\,530$ 〔℃〕　融解開始

温度〔℃〕

融解潜熱 314〔kJ/kg〕

加熱

$\theta_1 = 30$ 〔℃〕

加熱開始　時間〔h〕

━━━━●計算手順●━━━━

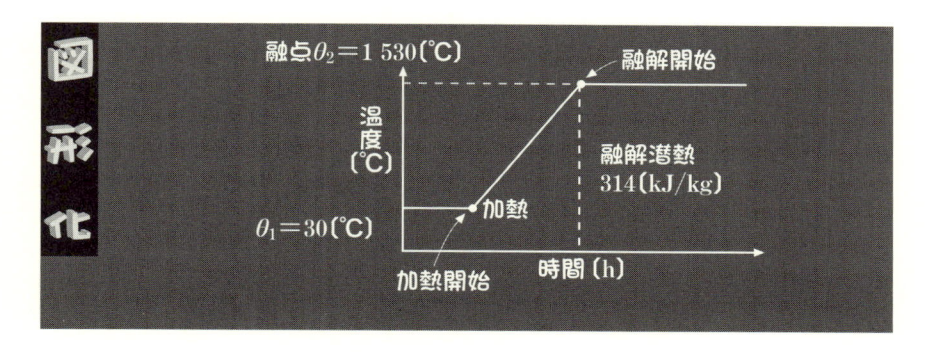

▷1　鋳鋼1〔t〕の温度を30〔℃〕から1 530〔℃〕まで上昇させるために必要な熱量 Q_1 を求める．

$$Q_1 = mc(\theta_2 - \theta_1) = 0.67 \times 1\,000 \times (1\,530 - 30)$$
$$= 1.005 \times 10^6 \text{ 〔kJ〕}$$

▷2　鋳鋼1〔t〕を温度1 530〔℃〕で溶解させるために必要な熱量 Q_2 を求める．

$$Q_2 = 314 \times 1\,000 = 0.314 \times 10^6 \text{ 〔kJ〕}$$

▷3　鋳鋼1〔t〕を溶解するのに必要な全熱量 Q を求める．

$$Q = Q_1 + Q_2 = 1.005 \times 10^6 + 0.314 \times 10^6$$
$$= 1.319 \times 10^6 \text{ 〔kJ〕}$$

▷4　炉の効率を考慮して，40分で溶解するのに必要な炉の出力 P を求める．

$$P = \frac{1.319 \times 10^6}{3\,600 \times \dfrac{40}{60} \times 0.8} \fallingdotseq 687.0 \text{ 〔kW〕}$$

▷5　力率を考慮して，入力電流 I を求める．

$$I = \frac{687.0}{\sqrt{3} \times 0.2 \times 0.8} \fallingdotseq 2\,479 \text{ 〔A〕}$$

●答●　(4)

テーマ84 熱伝導率と熱抵抗に関する計算

●問題●

断面積0.2〔m²〕, 長さ1.2〔m〕の棒状導体の両端の温度をそれぞれ200〔℃〕, 100〔℃〕に保つとき, 1時間当たり336〔kJ〕の熱が伝わった. この導体の熱伝導率〔W/(m・K)〕の値として, 正しいのは次のうちどれか.

(1) 3.4　(2) 4.2　(3) 5.6　(4) 6.8　(5) 7.6

電気の公式

(1) 熱伝導率 λ

$$\lambda = \frac{l}{RA} \text{ 〔W/(m・K)〕}$$

(2) 熱抵抗 R (熱に関するオームの法則)

$$R = \frac{1}{\text{熱伝導率}\lambda} \times \frac{\text{長さ}l}{\text{断面積}A} \text{ 〔K/W〕}$$

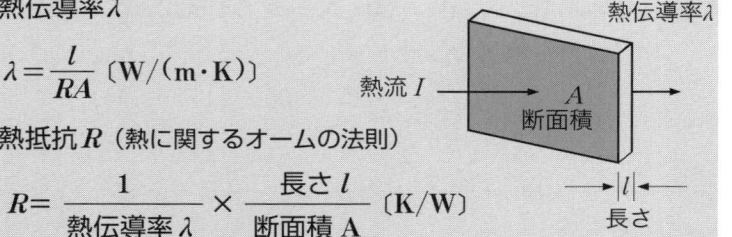

$$= \frac{\theta_2 - \theta_1}{I} \text{ 〔K/W〕}$$

(注) K（ケルビン）は℃でもよい.

R：熱抵抗〔K/W〕　θ_2：高温部温度〔℃〕
θ_1：低温部温度〔℃〕
I：熱流〔W〕

数学の知識

熱流の単位はSI単位系では〔W〕である.

1〔kW・h〕＝3 600〔kJ〕から熱流の単位換算は,

1〔W〕＝3 600〔J/h〕

たとえば, 熱流336〔kJ/h〕を〔W〕の熱流の単位に換算するには, 数学の比の計算を用いる.

$1 : 3\,600 = I : 336 \times 10^3$

$$\therefore I = \frac{336 \times 10^3}{3\,600} = \frac{3\,360}{36} ≒ 93.3 \text{ 〔W〕}$$

図形化

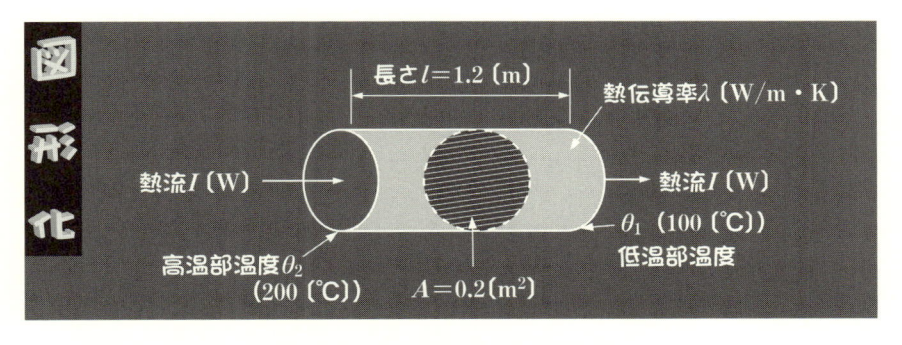

長さ $l=1.2$ [m]、熱伝導率 λ [W/m・K]
熱流 I [W]
熱流 I [W]
θ_1 (100 [℃])
低温部温度
高温部温度 θ_2 (200 [℃])
$A=0.2$ [m²]

●計算手順●

1. 熱に関するオームの法則と熱伝導率の公式から熱抵抗 R を求める.

$$R=\frac{\theta_2-\theta_1}{I}, \quad R=\frac{l}{\lambda A}, \quad \frac{\theta_2-\theta_1}{I}=\frac{l}{\lambda A}$$

2. 両辺に $\dfrac{\lambda I}{\theta_2-\theta_1}$ をかける.

$$\lambda=\frac{Il}{(\theta_2-\theta_1)A} \text{ [W/(m・K)]}$$

3. 上式に単位換算して数値を代入する.

$$\lambda=\frac{\dfrac{336}{3\,600}\times 10^3\times 1.2}{(200-100)\times 0.2}=\frac{336\times 10^3\times 1.2}{3\,600\times 100\times 0.2}=5.6 \text{ [W/(m・K)]}$$

●答● (3)

【類題】 熱伝導率0.093 [W/(m・K)],密度450 [kg/m³],比熱926 [J/(kg・K)],厚さ0.1 [m] のけい藻土の壁の単位面積1 [m²] ごとの熱抵抗 R [K/W] の値として,正しいのは次のうちどれか.

(1) 0.075 (2) 1.075 (3) 1.175 (4) 1.275 (5) 1.375

【解答】 $R=\dfrac{l}{\lambda A}=\dfrac{0.1}{0.093\times 1}\fallingdotseq 1.075$ [K/W]

●答● (2)

テーマ85 熱量による換気扇容量の計算

●問　題●

三相500〔kV·A〕，単相50〔kV·A〕おのおの1台の変圧器を設置した電気室がある．変圧器の発生熱量を室外に排出するための換気扇の容量〔m³/min〕として，正しい値は次のうちどれか．ただし，換気扇の吸排気の温度差は5〔K〕，空気は密度1.2〔kg/m³〕，比熱1 000〔J/kg·K〕とし，また変圧器は，力率100〔%〕の全負荷で運転し，損失はすべて熱に変わるものとし，全負荷効率は単相，三相ともに98〔%〕とする．

(1) 80　　(2) 90　　(3) 100　　(4) 112　　(5) 122

電気の公式

(1) 変圧器損失 p_l による発生熱量 H_1

変圧器の効率： $\eta = \dfrac{P}{P+p_l}$ 〔小数〕

損失： $p_l = P\left(\dfrac{1-\eta}{\eta}\right)$ 〔kW〕

$H_1 = p_l \times 1\,000 \times 60$ 〔J/min〕

(2) 排出される熱量 H_2

$H_2 = c\rho Q\theta$ 〔J/min〕

P：定格出力〔kV·A〕，η：変圧器の効率〔小数〕
p_l：変圧器の損失〔kW〕，c：空気の比熱〔J/kg·K〕
ρ：空気の密度〔kg/m³〕，Q：換気扇容量〔m³/min〕
θ：温度差〔K〕
単位換算：1〔W〕= 1〔J/s〕

●計算手順●

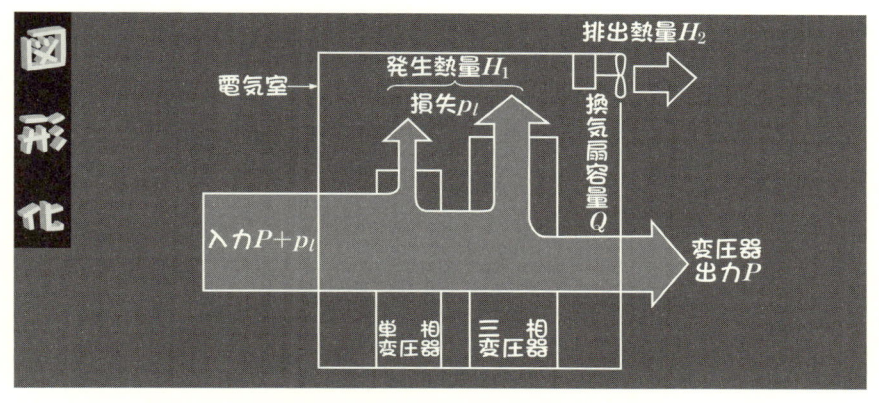

▶1 変圧器2台の定格容量Pを求める．

$P = 500 + 50 = 550 \text{ [kV·A]}$

▶2 力率100 [%]，全負荷効率98 [%] から損失p_lを求める．

$p_l = 550 \times \dfrac{1 - 0.98}{0.98} = 11.224 \text{ [kW]}$

▶3 変圧器損失による発生熱量H_1を求める．

$H_1 = p_l \times 1\,000 \times 60 = 11.224 \times 1\,000 \times 60$
$ = 673\,440 \text{ [J/min]}$

▶4 室外に排出される熱量H_2を求める．

$H_2 = c\rho Q\theta = Q \times 1.2 \times 1\,000 \times 5 = 6\,000Q \text{ [J/min]}$

▶5 $H_1 = H_2$より，換気扇容量Q [m³/min] を求める．

$6\,000Q = 673\,440$

$\therefore\ Q = \dfrac{673\,440}{6\,000} = 112.24 \fallingdotseq 112 \text{ [m}^3\text{/min]}$

●答● (4)

テーマ86 はずみ車効果と運動エネルギー計算

●問 題●

200〔kg·m²〕のはずみ車効果を有する回転体が，1 200〔min⁻¹〕で回転している場合，この回転体に蓄積される運動エネルギー〔J〕として，正しいのは次のうちどれか．

(1) 302 000　(2) 354 400　(3) 394 400
(4) 444 000　(5) 485 000

電気の公式

(1) 回転体の運動エネルギー

$$W = \frac{1}{2}J\omega^2 \,\text{[J]} = \frac{1}{2}\cdot\frac{GD^2}{4}\left(\frac{2\pi N}{60}\right)^2 = \frac{GD^2 N^2}{730}\,\text{[J]}$$

W：運動エネルギー〔J〕　J：物体の慣性モーメント〔kg·m²〕
ω：角速度〔rad/s〕，N：回転速度〔min⁻¹〕

(2) はずみ車効果

$$GD^2 = 4J \,\text{[kg·m²]}$$

GD^2：はずみ車効果〔kg·m²〕　J：慣性モーメント〔kg·m²〕

力学の基礎知識

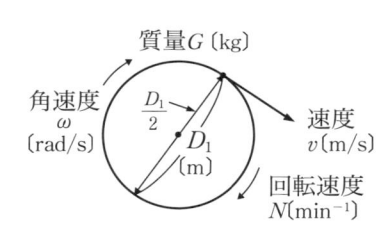

はずみ車効果 $GD_1{}^2$ ということは，半径 $D_1/2$ の点に質量 G の質点があることに相当する．

質量 G〔kg〕
角速度 ω〔rad/s〕
$\frac{D_1}{2}$
D_1〔m〕
速度 v〔m/s〕
回転速度 N〔min⁻¹〕

速度，角速度，回転速度の関係

$$v = D_1 \pi \frac{N}{60} \,\text{[m/s]}, \quad \omega = 2\pi \frac{N}{60} \,\text{[rad/s]}$$

図形化

はずみ車効果 $GD^2 = 200 \, (\text{kg·m}^2)$
プーリ
軸
$D(\text{m})$
$G(\text{kg})$
回転速度 $N = 1\,200 \, (\text{min}^{-1})$
電動機
はずみ車

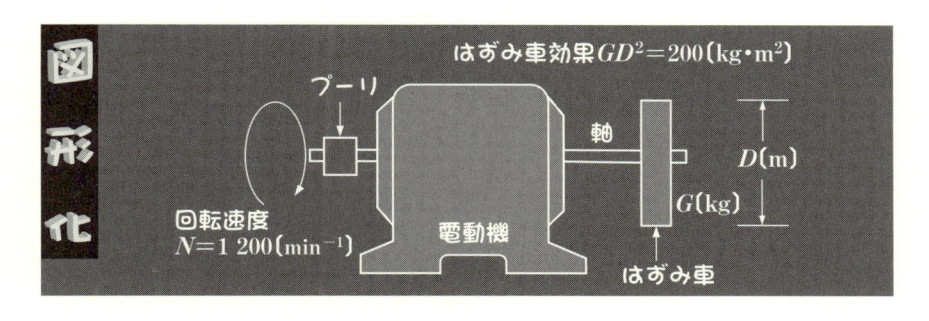

━━●計算手順●━━

1 回転体の運動エネルギーの基本公式

$$W = \frac{1}{2} J \omega^2 \, (\text{J})$$

2 回転速度 $N \, (\text{min}^{-1})$ から，角速度 ω を求める．

$$\omega = \frac{2\pi N}{60} \, (\text{rad/s})$$

3 $J = \dfrac{GD^2}{4}$ から，運動エネルギー W を求める．

$$W = \frac{1}{2} J \omega^2 = \frac{1}{2} \frac{GD^2}{4} \left(\frac{2\pi N}{60} \right)^2$$

$$= \frac{1}{2} \times \frac{200}{4} \times \left(\frac{2\pi \times 1\,200}{60} \right)^2 = 394\,400 \, (\text{J})$$

●答● (3)

【類題】 慣性モーメント $J \, (\text{kg·m}^2)$ の回転体が回転速度 $N_0 \, (\text{min}^{-1})$ で回転している．いま，この回転速度を N_1 に上げるとそのエネルギー (kJ) はいくら増加するか．正しい値を次のうちから選べ．

(1) $\dfrac{\pi J}{180} N_1 N_0$ (2) $\dfrac{180 J}{\pi^2} (N_1^2 - N_0^2)$

(3) $\dfrac{J}{183.5} (N_1^2 - N_0^2)$ (4) $\dfrac{\pi^2 J}{1\,800} (N_1 + N_0)^2$

(5) $\dfrac{\pi^2}{1\,800} J (N_1^2 - N_0^2)$

●答● (5)

テーマ87 合成はずみ車効果と歯車比の計算

● 問 題 ●

はずみ車効果が60〔kg・m²〕の電動機に，はずみ車効果1 600〔kg・m²〕の負荷が，歯車によって連結されて運転されている．電動機の回転数を1 380〔min⁻¹〕，電動機側の歯車を17，負荷側の歯車を73とすれば，はずみ車に蓄えられる全エネルギー〔J〕として，正しいのは次のうちどれか．

(1) 220×10^3　　(2) 283×10^3　　(3) 318×10^3
(4) 383×10^3　　(5) 440×10^3

電気の公式

(1) はずみ車の全エネルギー

$$W = \frac{N_A^2 GD_A^2}{730} + \frac{N_B^2 GD_B^2}{730} \text{ 〔J〕}$$

(2) 歯車比

$$\frac{t_A}{t_B} = \frac{N_B}{N_A}$$

(3) 電動機軸換算の合成はずみ車効果

$$GD^2 = GD_A^2 + \left(\frac{N_B}{N_A}\right)^2 GD_B^2 \text{ 〔kg・m²〕}$$

$$GD^2 = GD_A^2 + \left(\frac{t_A}{t_B}\right)^2 GD_B^2 \text{ 〔kg・m²〕}$$

A回転体の回転数 N_A〔min⁻¹〕，歯車数 t_A
B回転体の回転数 N_B〔min⁻¹〕，歯車数 t_B

(4) 放出エネルギー W と放出パワー P

$$W = W_1 - W_2 = \frac{GD^2}{730}(N_1^2 - N_2^2) \text{ 〔J〕}$$

$$P = \frac{W_1 - W_2}{t} \text{ 〔W〕} \qquad t : \text{放出時間〔s〕}$$

（図：電動機側 GD_A^2，N_A, t_A／負荷側 GD_B^2，N_B, t_B）

図形化

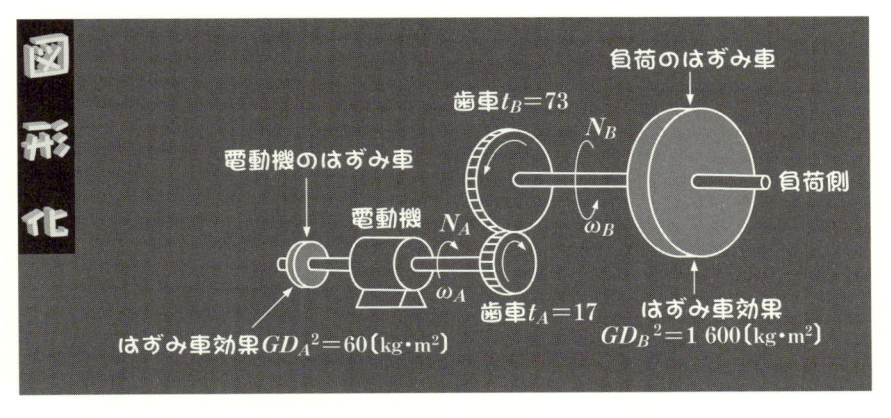

電動機のはずみ車 歯車 $t_B=73$ 負荷のはずみ車
電動機 N_A N_B 負荷側
ω_A ω_B
はずみ車効果 $GD_A{}^2=60$ 〔kg・m²〕 歯車 $t_A=17$ はずみ車効果 $GD_B{}^2=1\,600$ 〔kg・m²〕

●計算手順●

1 歯車比の公式から負荷側の回転数 N_B を求める．

$$N_B = N_A \frac{t_A}{t_B} = 1\,380 \times \frac{17}{73} = 321 \text{ 〔min}^{-1}\text{〕}$$

2 はずみ車の全エネルギーを求める．

$$W = \frac{N_A{}^2 GD_A{}^2}{730} + \frac{N_B{}^2 GD_B{}^2}{730}$$

$$= \frac{(60 \times 1\,380^2 + 1\,600 \times 321^2)}{730} \doteqdot 383 \times 10^3 \text{ 〔J〕}$$

【別解】 電動機軸の回転角速度を ω_A 〔rad/s〕，負荷軸のそれを ω_B 〔rad/s〕，電動機の慣性モーメントを J_A，負荷側のそれを J_B とし，全エネルギー W を求める．

$$W = \frac{1}{2} J_A \omega_A{}^2 + \frac{1}{2} J_B \omega_B{}^2 = \frac{1}{2}\left(J_A + \frac{t_A{}^2}{t_B{}^2} J_B\right)\omega_A{}^2$$

歯車比： $\dfrac{t_A}{t_B} = \dfrac{\omega_B}{\omega_A}$

t_A：電動機側の歯数，t_B：負荷側の歯数

$J = GD^2/4$ であるから，

$$W = \frac{1}{2}\left(\frac{60}{4} + \frac{17^2}{73^2} \times \frac{1\,600}{4}\right) \times \left(\frac{1\,380}{60} \times 2\pi\right)^2$$

$$\doteqdot 383 \times 10^3 \text{ 〔J〕}$$

●答● (4)

テーマ88 起重機用電動機の所要出力の計算

●問 題●

次のような天井クレーンがある．

巻上荷重25〔t〕，巻上速度6〔m/min〕，横行速度23〔m/min〕，走行速度45〔m/min〕，クラブ重量12〔t〕，橋げた（ガーダ）重量20〔t〕．このクレーンに用いられる各種電動機の所要容量〔kW〕はおよそいくらか．正しい値を組み合わせたものを次のうちから選べ．ただし，機械効率は巻上装置70〔%〕，横行装置および走行装置各85〔%〕とし，また，走行抵抗は横行，走行とも30〔kg/t〕とする．なお，加速に要する動力については，考慮しないものとする．

（ア）巻上用電動機　（イ）横行用電動機　（ウ）走行用電動機

	（ア）	（イ）	（ウ）		（ア）	（イ）	（ウ）
(1)	25	10	20	(2)	30	5	10
(3)	30	10	15	(4)	35	5	15
(5)	35	10	10				

電気の公式

(1) 巻上用電動機容量 $P_1 = \dfrac{W_1 V_1}{6.12} \times \dfrac{100}{\eta}$ 〔kW〕

(2) 横行用電動機容量 $P_2 = \dfrac{(W_1 + W_2) V_2 C_2}{6\,120} \times \dfrac{100}{\eta}$ 〔kW〕

(3) 走行用電動機容量 $P_3 = \dfrac{(W_1+W_3)V_3C_3}{6\,120} \times \dfrac{100}{\eta}$ 〔kW〕

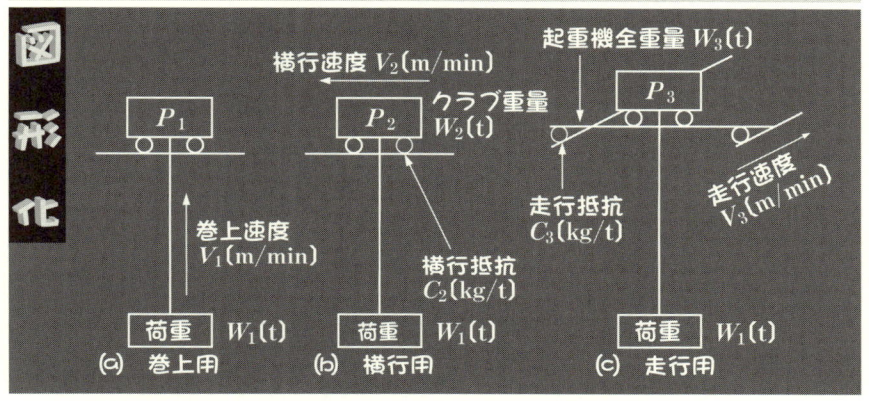

図形化

(a) 巻上用: 荷重 W_1(t), 巻上速度 V_1(m/min)
(b) 横行用: 荷重 W_1(t), クラブ重量 W_2(t), 横行速度 V_2(m/min), 横行抵抗 C_2(kg/t)
(c) 走行用: 荷重 W_1(t), 起重機全重量 W_3(t), 走行速度 V_3(m/min), 走行抵抗 C_3(kg/t)

━━━●計算手順●━━━

1 巻上用電動機の所要容量 P_1 を公式から求める．

$$P_1 = \frac{W_1V_1}{6.12} \times \frac{100}{\eta} = \frac{25\,000 \times 6}{6\,120} \times \frac{100}{70} \fallingdotseq 35.0 \text{〔kW〕}$$

2 横行用電動機の所要容量 P_2 を公式から求める．

$$P_2 = \frac{(W_1+W_2)V_2C_2}{6\,120} \times \frac{100}{\eta} = \frac{(25+12) \times 30 \times 23}{6\,120} \times \frac{100}{85}$$

$$\fallingdotseq 4.91 \text{〔kW〕}$$

3 走行用電動機の所要容量 P_3 を公式から求める．

$$P_3 = \frac{(W_1+W_3)V_3C_3}{6\,120} \times \frac{100}{\eta} = \frac{(25+12+20) \times 30 \times 45}{6\,120} \times \frac{100}{85}$$

$$\fallingdotseq 14.8 \text{〔kW〕}$$

●答● (4)

【類題】 重量3〔t〕の物体を毎分30〔m〕の速さで巻き上げるのに要する巻上用電動機容量〔kW〕として，正しいのは次のうちどれか．ただし，巻上機の効率は75〔%〕とする．

(1) 15.6　　(2) 17.5　　(3) 19.6　　(4) 22.5　　(5) 25.0

●答● (3)

テーマ89 ポンプ用電動機の所要出力の計算

●問 題●

毎時200〔m³〕の湧出量の地下水を，11〔kW〕の電動ポンプで実揚程6〔m〕のところに揚水する場合，1時間当たり何分運転すればよいか．正しい値を次のうちから選べ．ただし，ポンプは全負荷運転するものとし，ポンプ効率70〔%〕，全揚程は実揚程の1.2倍とする．

(1) 25.0　　(2) 30.5　　(3) 35.0　　(4) 40.5　　(5) 55.0

電気の公式

(1) ポンプ用電動機の所要出力

$$P = \frac{kQH_0}{6.12\eta} \text{〔kW〕}$$

k：余裕係数
Q：揚水量〔m³/min〕
H_0：総揚程〔m〕
η：ポンプ効率〔小数〕

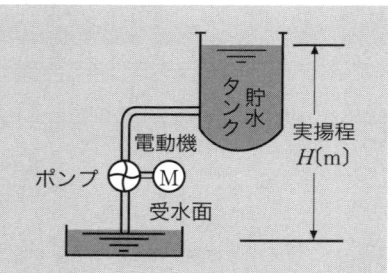

(2) ポンプの回転数Nと所要動力Pの関係

$$Q = vA, \quad v^2 = 2gH, \quad v = K_0 N$$

Q：流量〔m³/s〕， A：管内断面積〔m²〕， H：実揚程〔m〕
v：管内速度〔m/s〕
g：重力の加速度〔m/s²〕 = 9.8〔m/s²〕
N：回転数〔min⁻¹〕， K_0：定数

(3) 揚水する場合の総揚程

H_0 = 実揚程 + 損失揚程 = $H + H_l$〔m〕

H_l：損失揚程〔m〕
H：実揚程〔m〕

図形化

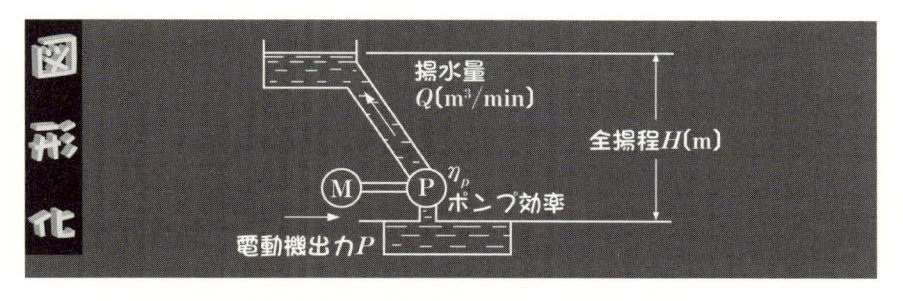

揚水量 Q(m³/min)
全揚程 H(m)
ポンプ効率 η_p
電動機出力 P

●計算手順●

1▷ 全揚程 H を求める．

$H = 6 \times 1.2 = 7.2$ 〔m〕

2▷ 全負荷運転時の揚水量 Q を求める．

$P = \dfrac{QH}{6.12\eta}$ 〔kW〕の公式より，

$Q = \dfrac{6.12P\eta}{H} = \dfrac{6.12 \times 11 \times 0.7}{7.2} ≒ 6.55$ 〔m³/min〕

3▷ 運転時間 T を求める．

200 〔m³/h〕 $= 6.55$ 〔m³/min〕 $\times T$ 〔min/h〕

$T = \dfrac{200}{6.55} ≒ 30.5$ 〔min/h〕

●答● (2)

【類題】 毎分 6.12〔m³〕の水を貯水タンクに揚水したい．実揚程 8〔m〕，ポンプの効率を 60〔％〕，損失揚程を 1〔m〕とすると，ポンプ用電動機の出力〔kW〕は，次のうちどれか．

(1) 10　　(2) 15　　(3) 20　　(4) 22　　(5) 30

【解答】

$P = \dfrac{6.12(8+1)}{6.12 \times 0.6} = 15$ 〔kW〕

●答● (2)

テーマ90 送風機用電動機の所要出力の計算

●問 題●

間口40〔m〕，奥行60〔m〕，高さ10〔m〕の公会堂がある．この室の換気を毎時5回行うための送風機用電動機の容量〔kW〕（計算値）として，正しいのは次のうちどれか．ただし，送風管は直径80〔cm〕のものを5本使用するものとし，送風機の効率は60〔%〕，余裕係数は1.2，気体の密度を1.2〔kg/m³〕とする．

(1) 2.5 　 (2) 4.7 　 (3) 6.2 　 (4) 7.1 　 (5) 8.6

電気の公式

(1) 送風機用電動機の出力

$$P = \frac{kQH}{60\eta} \times 10^{-3}$$

$$= \frac{kQH}{60\,000} \text{〔kW〕}$$

$$P = \frac{kqH}{\eta} \text{〔W〕}$$

k：余裕係数（小数）
Q：風量〔m³/min〕＝風速 v〔m/min〕× 管内断面積 A〔m²〕
H：風圧〔Pa〕
η：送風機の効率（小数）
q：風量〔m³/s〕

(2) 風圧，気体の密度・風速の関係式

$$H = \frac{\rho v^2}{2} \text{〔Pa〕}$$

ρ：気体の密度〔kg/m³〕，v：気体の速度（風速）〔m/s〕

（注）風圧の単位は，〔mmAq〕，〔kgf/m²〕，〔mmH₂O〕からパスカル〔Pa〕のSI単位に変更になった．

図形化

換気量 → $Q = \dfrac{間口 \times 奥行 \times 高さ}{60} \times n$

風量　分　換気回数 n

電動機 M — 送風機 — 送風管 $H=5$本

出力 P [W]

送風機効率 η（小数）

送風管の総断面積 $\dfrac{\pi D^2}{4} \times N$

風速 v →　風圧 H [Pa]

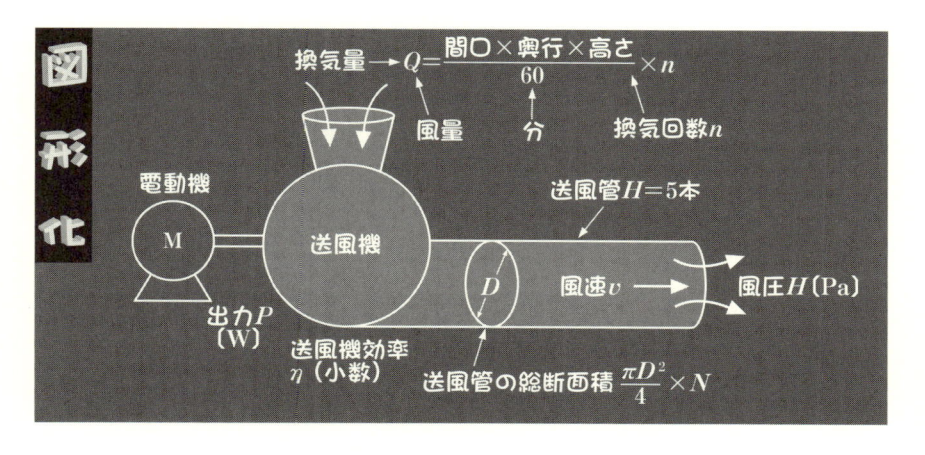

●計算手順●

▷1 毎分の換気量（風量）Q 〔m³/min〕を求める．（図形化参照）

$$Q = \frac{40 \times 60 \times 10}{60} \times 5 = 2 \times 10^3 \; (\mathrm{m^3/min})$$

▷2 風量と管の断面積から気体の速度 v 〔m/s〕を求める．

$$v = \frac{\dfrac{Q}{60} \; (\mathrm{m^3/s})}{\left(\dfrac{1}{4}\pi D^2\right) \times N \; (\mathrm{m^2})} = \frac{4Q}{60\pi D^2 N}$$

$$= \frac{4 \times 2 \times 10^3}{60\pi \times 0.8^2 \times 5} \fallingdotseq 13.3 \; (\mathrm{m/s})$$

▷3 風圧 H 〔Pa〕を求める．

$$H = \frac{\rho v^2}{2} = \frac{1.2 \times 13.3^2}{2} \fallingdotseq 106.1 \; (\mathrm{Pa})$$

▷4 送風機用電動機の所要出力 P 〔kW〕を求める．

$$P = \frac{kQH}{60\,000\,\eta}$$

$$= \frac{1.2 \times 2 \times 10^3 \times 106.1}{60\,000 \times 0.6} \fallingdotseq 7.1 \; (\mathrm{kW})$$

●答● (4)

テーマ91 エレベータ用電動機の所要出力計算

●問 題●

最大積載荷重1 000〔kg〕,昇降速度120〔m/min〕,機械効率70〔%〕で,平衡おもりの重量は昇降箱の重量に最大積載荷重の1/2を加えたエレベータがある.

この電動機の所要容量〔kW〕として,正しいのは次のうちどれか.

(1) 8　　(2) 10　　(3) 14　　(4) 18　　(5) 20

電気の公式

(1) エレベータの所要出力

$$P = \frac{(W + W_L - W_C)V}{6\,120\eta} \ \text{〔kW〕}$$

P:所要出力〔kW〕
W:積載重量〔kg〕
W_L:かごの重量〔kg〕
W_C:平衡おもりの重量〔kg〕
V:昇降速度〔m/min〕
η:効率〔小数〕

(2) 質量の単位で出題された場合

$$P = \frac{(W_1 - W_2)gv}{\eta} \times 10^{-3} \ \text{〔kW〕}$$

v:昇降速度〔m/s〕
η:効率,$g = 9.8$〔m/s²〕
W_1:積載質量 + かごの質量〔kg〕
W_2:釣合いおもりの質量〔kg〕

(3) 斜面を巻き上げるときの所要出力

$$P = \frac{W_0 V K}{6.12\eta}(\sin\theta + \mu\cos\theta) \ \text{〔kW〕}$$

P:所要出力〔kW〕,W_0:荷物の重さ〔t〕
V:速度〔m/min〕,θ:角度
K:余裕係数,η:効率〔小数〕
μ:斜面の滑り摩擦係数

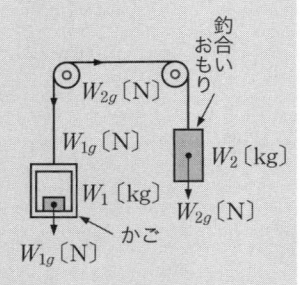

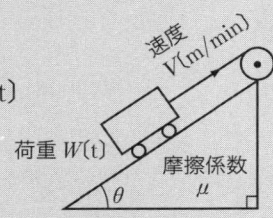

図形化

積載重量 W [kg]
かごの重量 W_L [kg]
平衡おもり W_C [kg]

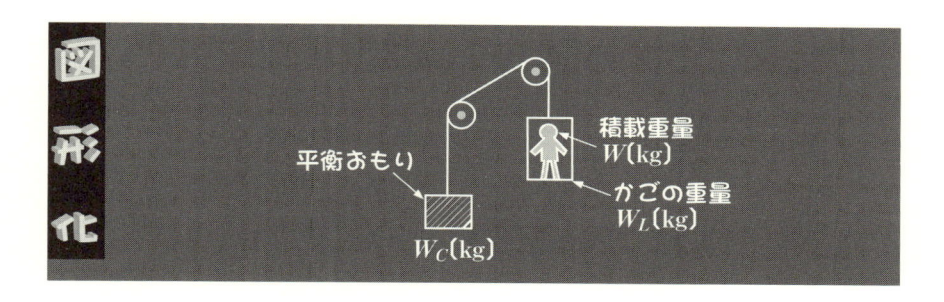

━━━━●計算手順●━━━━

1. つり上げ荷重 W_0 を求める．

$$W_0 = W_L + W - \left(W_L + W \times \frac{1}{2}\right)$$

$$= \frac{W}{2} = \frac{1\,000}{2} = 500 \text{ [kg]}$$

2. 電動機の所要容量 P を求める．

$$P = \frac{W_0 V}{6\,120\eta} = \frac{500 \times 120}{6\,120 \times 0.7} = 14 \text{ [kW]}$$

●答● (3)

【類題】 定格積載質量にかごの質量を加えた値が，1 800 [kg]，昇降速度が2.5 [m/s]，釣合いおもりの質量が800 [kg] のエレベータがある．このエレベータに用いる電動機の出力 [kW] の値として，正しいのは次のうちどれか．ただし，機械効率は70 [％]，加速に要する動力およびロープの質量は無視するものとする．

(1) 9　　(2) 17　　(3) 25　　(4) 35　　(5) 63

【解答】　$P = \dfrac{(W_1 - W_2)gv}{\eta} \times 10^{-3}$

$= \dfrac{(1\,800 - 800) \times 9.8 \times 2.5}{0.7} \times 10^{-3} = 35$ [kW]

●答● (4)

テーマ92 RC回路の周波数伝達関数の計算

●問 題●

図は，自動制御のサーボ系における定常特性を改善するために用いられる位相遅れ回路である．この周波数伝達関数は，

$$G_c(j\omega) = \frac{E_o(j\omega)}{E_i(j\omega)} = \frac{1+j\omega T_1}{1+j\omega T_2}$$

で表される．T_1およびT_2を回路定数で表したときの正しい値を組み合わせたのは次のうちどれか．

(1) $T_1 = R_1 C_2$　　　　　$T_2 = R_2 C_2$
(2) $T_1 = (R_1 + R_2)C_2$　$T_2 = R_1 C_2$
(3) $T_1 = R_1 C_2$　　　　　$T_2 = (R_1 + R_2)C_2$
(4) $T_1 = R_2 C_2$　　　　　$T_2 = (R_1 + R_2)C_2$
(5) $T_1 = (R_1 + R_2)C_2$　$T_2 = R_2 C_2$

電気の公式

(1) 周波数伝達関数

$$G(j\omega) = \frac{出力信号}{入力信号} = \frac{E_o(j\omega)}{E_i(j\omega)}$$

$E_i(j\omega)$：入力信号，$E_o(j\omega)$：出力信号

(2) 一次遅れ伝達関数 $G(s) = \dfrac{1}{1+sCR} = \dfrac{1}{1+sT}$

時定数　$T = CR \text{[s]}$

数学の知識

(1) 複素数計算

$$\dot{C} = \frac{\dot{A}}{\dot{B}} = \frac{a+jb}{c+jd} = \frac{ac+bd}{c^2+d^2} + j\frac{bc-ad}{c^2+d^2}$$

(2) 分数の性質

分数の分子，分母に0でない数や文字式をかけても，割っても値は変わらない．

図形化

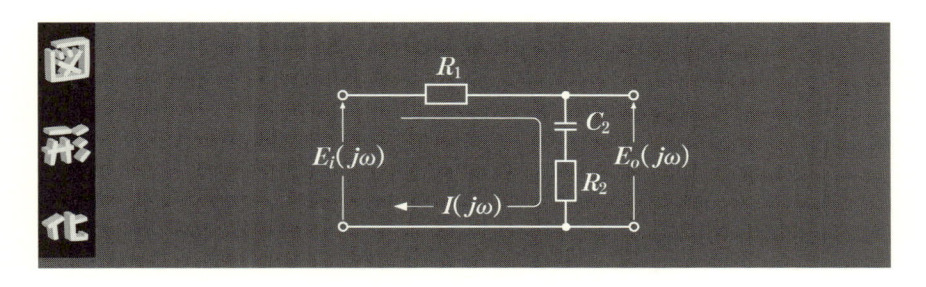

●計算手順●

1 回路電流 $I(j\omega)$ を求める．

$$I(j\omega) = \frac{E_i(j\omega)}{R_1 + R_2 + \dfrac{1}{j\omega R_2}}$$

2 出力電圧 $E_o(j\omega)$ を求める．

$$E_o(j\omega) = \left(R_2 + \frac{1}{j\omega C_2}\right) I(j\omega)$$

$$= \frac{R_2 + \dfrac{1}{j\omega C_2}}{R_1 + R_2 + \dfrac{1}{j\omega R_2}} E_i(j\omega)$$

$$= \frac{1 + j\omega C_2 R_2}{1 + j\omega C_2 (R_1 + R_2)} E_i(j\omega)$$

3 周波数伝達関数 $\dfrac{E_o(j\omega)}{E_i(j\omega)}$ を求める．

$$\therefore \frac{E_o(j\omega)}{E_i(j\omega)} = \frac{1 + j\omega C_2 R_2}{1 + j\omega C_2 (R_1 + R_2)} = \frac{1 + j\omega T_1}{1 + j\omega T_2}$$

4 係数比較により，T_1 および T_2 を求める．

$$T_1 = R_2 C_2, \quad T_2 = (R_1 + R_2)C_2$$

●答● (4)

テーマ93 ブロック線図による伝達関数の計算

●問題●

図の合成伝達関数として，正しいのは次のうちどれか．ただし，入力信号はX，出力信号はYとする．

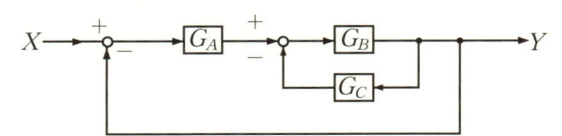

(1) $\dfrac{G_A G_B}{1 + G_A G_B G_C}$

(2) $\dfrac{1 + G_A G_B + G_B G_C}{G_A G_B + G_C}$

(3) $\dfrac{1 + G_A}{1 + G_A G_B + G_B G_C}$

(4) $\dfrac{G_A G_B}{1 + G_A G_B + G_B G_C}$

(5) $\dfrac{G_A + G_B}{G_A G_B G_C}$

電気の公式

(1) ブロック線図の構成要素（X：入力信号，Y：出力信号）

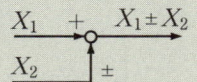

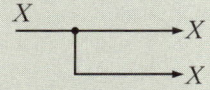

(a) ブロック　(b) 加え合せ点　(c) 引出し点

(2) 直列接続と並列接続

(3) フィードバック接続

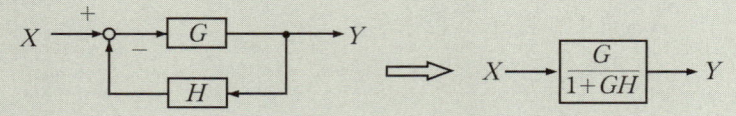

190

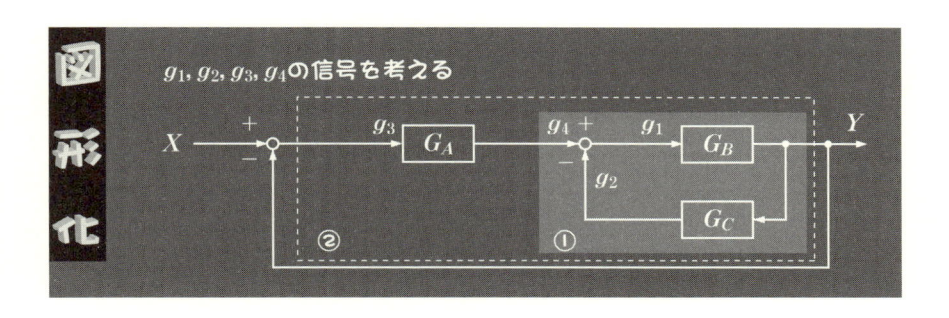

図形化

g_1, g_2, g_3, g_4 の信号を考える

●計算手順●

1 連立方程式による解法

① 図より,

$$G_A = \frac{g_4}{g_3}$$

$$G_B = \frac{Y}{g_1}$$

$$G_C = \frac{g_2}{Y}$$

② 上式より,

$$g_4 = g_1 + g_2 = \frac{Y}{G_B} + YG_C$$

$$\therefore \quad g_4 = Y\left(\frac{1 + G_B G_C}{G_B}\right)$$

③ $X = g_3 + Y = \dfrac{g_4}{G_A} + Y$

$$= Y\left(\frac{1 + G_B G_C + G_A G_B}{G_A G_B}\right)$$

④ 合成伝達関数 G を求める.

$$G = \frac{Y}{X} = \frac{1}{\dfrac{1 + G_B G_C + G_A G_B}{G_A G_B}}$$

$$= \frac{G_A G_B}{1 + G_A G_B + G_B G_C}$$

2 ブロック線図による解法

①のフィードバックの伝達関数を求める

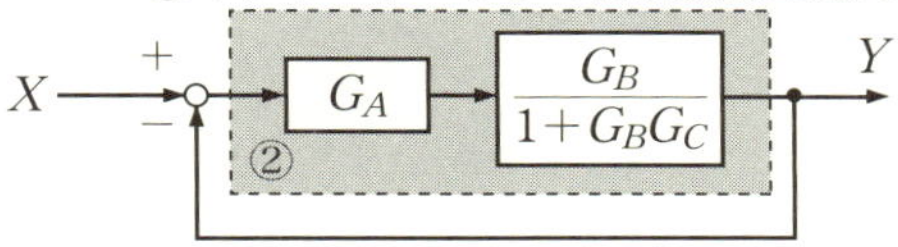

②の直列接続の伝達関数を求める

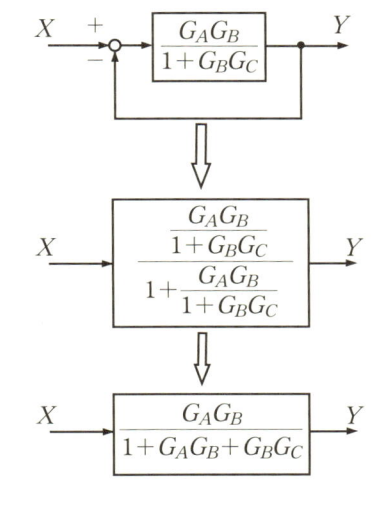

●答● (4)

テーマ94 他励式直流発電機の伝達関数の計算

●問 題●

図に示す他励直流発電機において，界磁電圧 e_f〔V〕を入力信号，発生電圧 e_g〔V〕を出力信号とする伝達関数 $G(s)$ は次のどれか．ただし，界磁巻線の抵抗を R_f〔Ω〕，インダクタンスを L_f〔H〕とする．また，界磁磁束 ϕ〔Wb〕は界磁電流に比例し（比例定数を k_φ），発生電圧は界磁磁束に比例する（比例定数を k_g）ものとする．

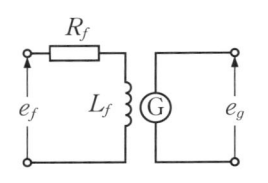

(1) $\dfrac{k_g k_\varphi}{s + L_f R_f}$ (2) $\dfrac{k_g k_\varphi}{L_f + s R_f}$ (3) $\dfrac{k_g k_\varphi}{1 + s L_f R_f}$

(4) $\dfrac{k_g k_\varphi}{R_f + s L_f}$ (5) $\dfrac{k_g k_\varphi}{R_f - s L_f}$

電気の公式

回路素子	複素数表示	ラプラス変換表示
抵抗 R〔Ω〕	R	R
インダクタンス L〔H〕	$j\omega L$	sL
静電容量 C〔F〕	$-j\dfrac{1}{\omega C} = \dfrac{1}{j\omega C}$	$\dfrac{1}{sC}$

伝達関数 $G(s)$

$$G(s) = \frac{\text{信号 } e_g \text{ のラプラス変換}}{\text{信号 } e_f \text{ のラプラス変換}} = \frac{E_g(s)}{E_f(s)}$$

図形化

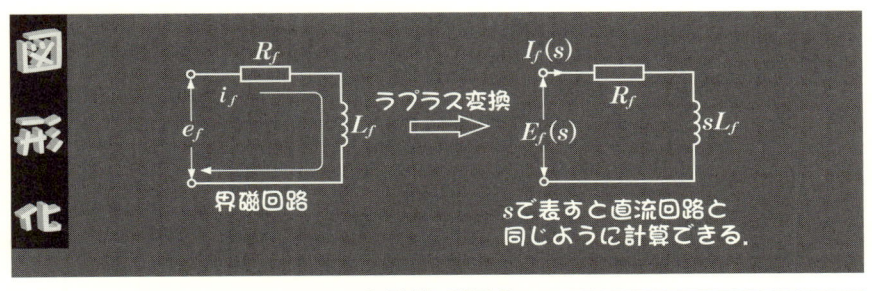

界磁回路 → ラプラス変換 → sで表すと直流回路と同じように計算できる．

●計算手順●

1 ラプラス変換した回路から，界磁電圧 $E_f(s)$ を求める．

$$E_f(s) = R_f I_f(s) + s L_f I_f(s)$$
$$= I_f(s)(R_f + s L_f) \quad ①$$

2 界磁電流 i_f と界磁磁束 ϕ の関係を題意より求める．

$$\phi = k_\varphi i_f \quad ②$$

3 界磁磁束 ϕ と出力電圧 e_g の関係を題意より求める．

$$e_g = k_g \phi \quad ③$$

②，③式より界磁磁束 ϕ を消去する．

$$e_g = k_g k_\varphi i_f \quad ④$$

4 ④式をラプラス変換（s を使って表す）する．

$$E_g(s) = k_g k_\varphi I_f(s) \quad ⑤$$

5 ①式に⑤式を代入して，$I_f(s)$ を消去する．

$$E_g(s)(R_f + s L_f) = k_g k_\varphi E_f(s) \quad ⑥$$

両辺を $E_f(s)$ で割る．

$$\frac{E_g(s)}{E_f(s)}(R_f + s L_f) = k_g k_\varphi \quad ⑦$$

$$\frac{E_g(s)}{E_f(s)} = \frac{k_g k_\varphi}{R_f + s L_f} \quad ⑧$$

6 伝達関数 $G(s)$ を求める．

$$G(s) = \frac{E_g(s)}{E_f(s)} = \frac{k_g k_\varphi}{R_f + s L_f} \quad ⑨$$

●答● (4)

テーマ95 一次遅れ要素のボード線図の特性

●問題●

伝達関数 $G(s)$ が下記に示す値であるとき,ボード線図のゲイン曲線の形として,正しいのは次のうちどれか.

$$G(s) = \frac{1}{1+sT}$$

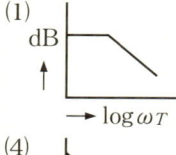

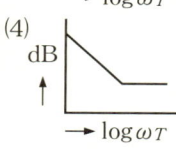

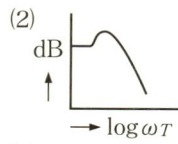

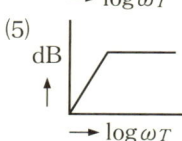

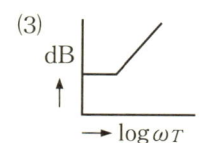

(1) dB ↑ → $\log \omega T$

(2) dB ↑ → $\log \omega T$

(3) dB ↑ → $\log \omega T$

(4) dB ↑ → $\log \omega T$

(5) dB ↑ → $\log \omega T$

電気の公式

(1) ボード線図は,周波数伝達関数の角周波数 ω に対する応答を,ゲイン〔dB〕と位相〔度〕にわけてグラフ化したものである.

(2) 振幅比 g と位相角 θ は,次式で表される.

$$g = 20 \log_{10} |G(j\omega)|$$

$$\theta = \tan^{-1} \frac{G(j\omega)の虚数部}{G(j\omega)の実数部}$$

(3) 周波数伝達関数 $G(j\omega)$ は,伝達関数 $G(s)$ の s を,$s = j\omega$ とおくことによって得られる.

数学の公式

(1) $\log_{10} 1 = 0$ (ゼロ,負の対数はない)

(2) $\log_{10} 10 = 1$ (3) $\log_{10} A^n = n \log_{10} A$

(4) $\log_{10} \left(\frac{A}{B} \right) = \log_{10} A - \log_{10} B$

(5) $\log_{10} (AB) = \log_{10} A + \log_{10} B$

図形化

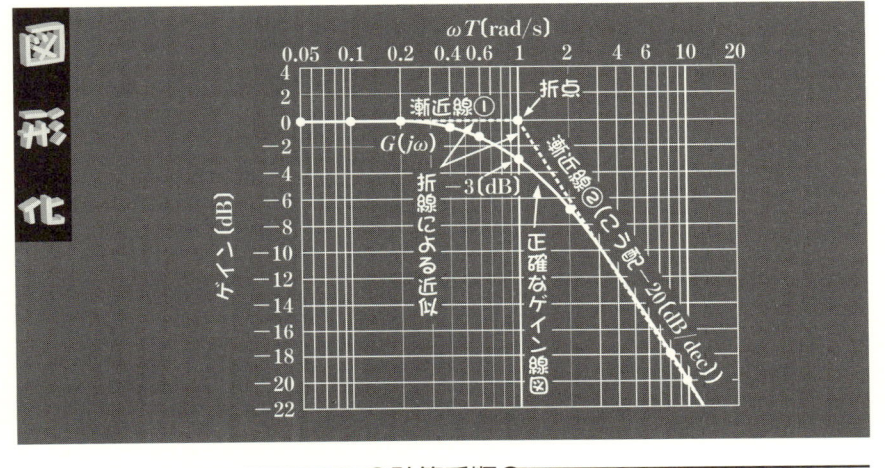

(グラフ: ωT(rad/s) 横軸、ゲイン(dB) 縦軸。漸近線①、漸近線②(こう配 −20〔dB/dec〕)、折点、−3〔dB〕、折線による近似、正確なゲイン線図 等の記載)

●計算手順●

1. 周波数伝達関数 $G(j\omega)$ で表す.

$$G(j\omega)=\frac{1}{1+j\omega T}$$

2. 絶対値を求める.

$$|G(j\omega)|=\frac{1}{\sqrt{1+(\omega T)^2}}$$

3. デシベル表示する.

$$g=20\log_{10}\frac{1}{\sqrt{1+(\omega T)^2}}=20\log_{10}\{1+(\omega T)^2\}^{-\frac{1}{2}}$$

$$=-10\log_{10}\{1+(\omega T)^2\}\ \text{〔dB〕}$$

上式において，下記の三つの条件をもとにグラフを書く.

(a) $1\gg(\omega T)^2$ のとき

$g=-10\log_{10}1=0$〔dB〕

(b) $1=(\omega T)^2$ のとき

$g=-10\log_{10}(1+1)=-3$〔dB〕

(c) $1\ll(\omega T)^2$ のとき

$g=-10\log_{10}(\omega T)^2=-20\log_{10}\omega T$〔dB〕 　●答● (1)

テーマ96 二次遅れ要素の減衰率・ゲイン計算

●問 題●

図は，局部フィードバックループのゲイン K を調整することによって，望ましい閉ループ応答が得られるようにした制御系のブロック線図である．

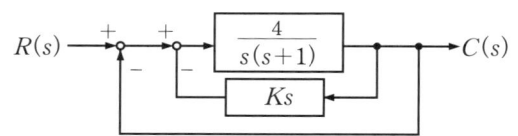

$$R(s) \to + \to + \to \boxed{\frac{4}{s(s+1)}} \to C(s)$$
$$\boxed{Ks}$$

この系の閉ループ伝達関数を $\dfrac{\omega_n^2}{s^2+2\zeta\omega_n s+\omega_n^2}$ と表すとき，減衰率 ζ を好ましい値である0.7にするには，ゲイン K の値をいくらにすればよいか．正しい値を次のうちから選べ．

(1) 0.35　　(2) 0.45　　(3) 0.52　　(4) 0.65　　(5) 1.20

電気の公式

二次遅れ要素の伝達関数と減衰比 ζ，固有角周波数 ω_n

$$G(s) = \frac{\omega_n^2}{s^2 + 2\zeta\omega_n s + \omega_n^2}$$

(1) 二次遅れ要素のゲイン
　(a) $\omega T = 1 = \omega_n$ ……………… $g = -20\log_{10} 2\zeta$ 〔dB〕
　(b) $\omega T \ll 1$（低周波域）　　$g = 0$ 〔dB〕
　(c) $\omega T \gg 1$（高周波域）　　$g = -40\log_{10}\omega T$ 〔dB〕

(2) 共振周波数（ピーク周波数）

$$\omega_p = \frac{1}{T}\sqrt{1-2\zeta^2} = \omega_n\sqrt{1-2\zeta^2}$$

(3) 振幅特性がピーク値を生ずるための条件とピーク値

　　条件： $\zeta < \dfrac{1}{\sqrt{2}}$，ピーク値 $M_p = \dfrac{1}{2\zeta\sqrt{1-\zeta^2}}$

(4) 位相特性 $\omega T \to 0$ で位相 $\to 0°$，$\omega T = 1$ で位相 $\to -90°$

図形化

●計算手順●

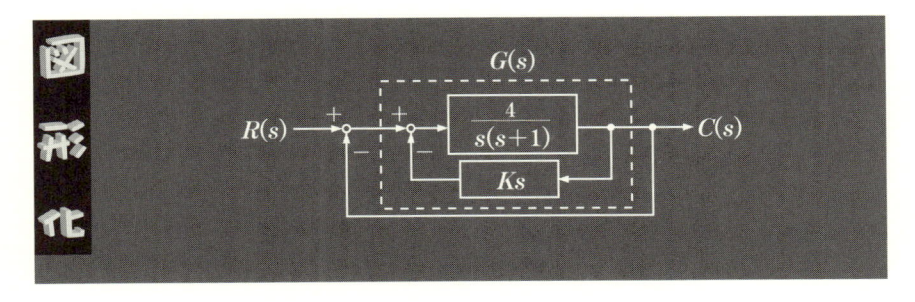

1 点線で囲んだ部分の伝達関数 $G(s)$（図形化）を求める．

$$G(s) = \frac{\dfrac{4}{s(s+1)}}{1 + Ks \dfrac{4}{s(s+1)}} = \frac{4}{s(s+1) + 4Ks}$$

2 系の閉ループ伝達関数 $W(s)$ を求める．

$$W(s) = \frac{G(s)}{1+G(s)} = \frac{\dfrac{4}{s(s+1)+4Ks}}{1 + \dfrac{4}{s(s+1)+4Ks}}$$

$$= \frac{4}{s(s+1) + 4Ks + 4}$$

$$= \frac{4}{s^2 + (4K+1)s + 4}$$

3 係数比較により，減衰率と固有角周波数を求める．

$$W(s) = \frac{\omega_n^2}{s^2 + 2\zeta\omega_n s + \omega_n^2} = \frac{4}{s^2 + (4K+1)s + 4}$$

$$\omega_n^2 = 4 \quad \therefore \quad \omega_n = 2$$

また，

$$2\zeta\omega_n = 4K + 1 \quad \therefore \quad K = \frac{2\zeta\omega_n - 1}{4} = \frac{4\zeta - 1}{4}$$

4 減衰率 $\zeta = 0.7$ より，ゲイン K の値を求める．

$$K = \frac{4\zeta - 1}{4} = \frac{4 \times 0.7 - 1}{4} = 0.45$$

●答● (2)

テーマ97 電気分解に関する諸計算

●問 題●

硫酸銅の水溶液によって，黄銅上に銅メッキをしたい．2.3〔g〕の銅を析出させるのに必要な電気量〔C〕はいくらか．正しい値を次のうちから選べ．ただし，銅の原子量は63.55，原子価は2とする．

(1) 3 990 (2) 4 660 (3) 5 990
(4) 6 990 (5) 7 660

電気の公式

電気分解に関する二つのファラデーの法則

(1) 第一法則：電極に析出される物質の量は，溶液を通過する電気量に比例する．

(2) 第二法則：同一電気量で電極に析出される物質の量は，その物質の化学当量に比例する．

(3) 物質の析出量

$$W = \frac{1}{F} \cdot \frac{m}{n} Q = kQ \, \text{〔g〕}$$

F：ファラデー定数（$1F = 96\,500$〔C〕$= 26.8$〔A・h〕）

$\dfrac{m}{n}$：化学当量（gをつけたものは1グラム当量）

m：物質の原子量，n：原子価

Q：電解液を通過する電気量〔C〕

k：電気化学当量〔g/C〕

$$W = \frac{1}{26.8} \cdot \frac{m}{n} It\eta_c = K_F It\eta_c \, \text{〔g〕}$$

K_F：電気化学当量〔g/（A・h）〕　　η_c：電流効率（小数）
I：通電電流〔A〕，t：通電時間〔h〕

図形化

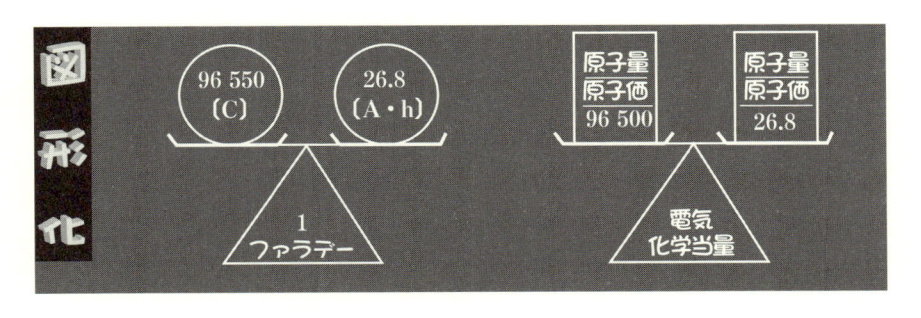

- 96 550 [C] / 1ファラデー = 26.8 [A·h] / 1ファラデー
- 原子量/原子価 / 電気化学当量 = 96 500 ; 原子量/原子価 / 電気化学当量 = 26.8

●計算手順●

1 銅の電気化学当量 k を求める．

$$k = \frac{1}{F}\frac{m}{n} = \frac{1}{96\,500} \times \frac{63.55}{2} = 3.29 \times 10^{-4} \text{ [g/C]}$$

2 ファラデーの法則から電気量を求める．

$$Q = \frac{Q}{k} = \frac{2.3}{3.29 \times 10^{-4}} = 6\,990 \text{ [C]}$$

●答● (4)

【類題1】 硫酸銅溶液に電極として銅板を用い，5 [A] の電流を1時間流すとき，陰極に析出する銅の量 [g] はいくらか．正しい値を次のうちから選べ．ただし，硫酸銅の電気化学当量を0.3294 [mg/C] とし，また，電解の効率を100 [%] とする．

(1) 1.65　(2) 3.74　(3) 5.93　(4) 7.02　(5) 9.11

●答● (3)

【類題2】 硫酸亜鉛（$ZnSO_4$）の水溶液に2 [A] の電流を3時間通電して電解し，亜鉛5.2 [g] を得た．電流効率 [%] はいくらか．正しい値を次のうちから選べ．ただし，亜鉛の原子価は2，原子量は65.4とし，また，1ファラデーは96 500 [C] とする．

(1) 69　(2) 71　(3) 73　(4) 75　(5) 77

●答● (2)

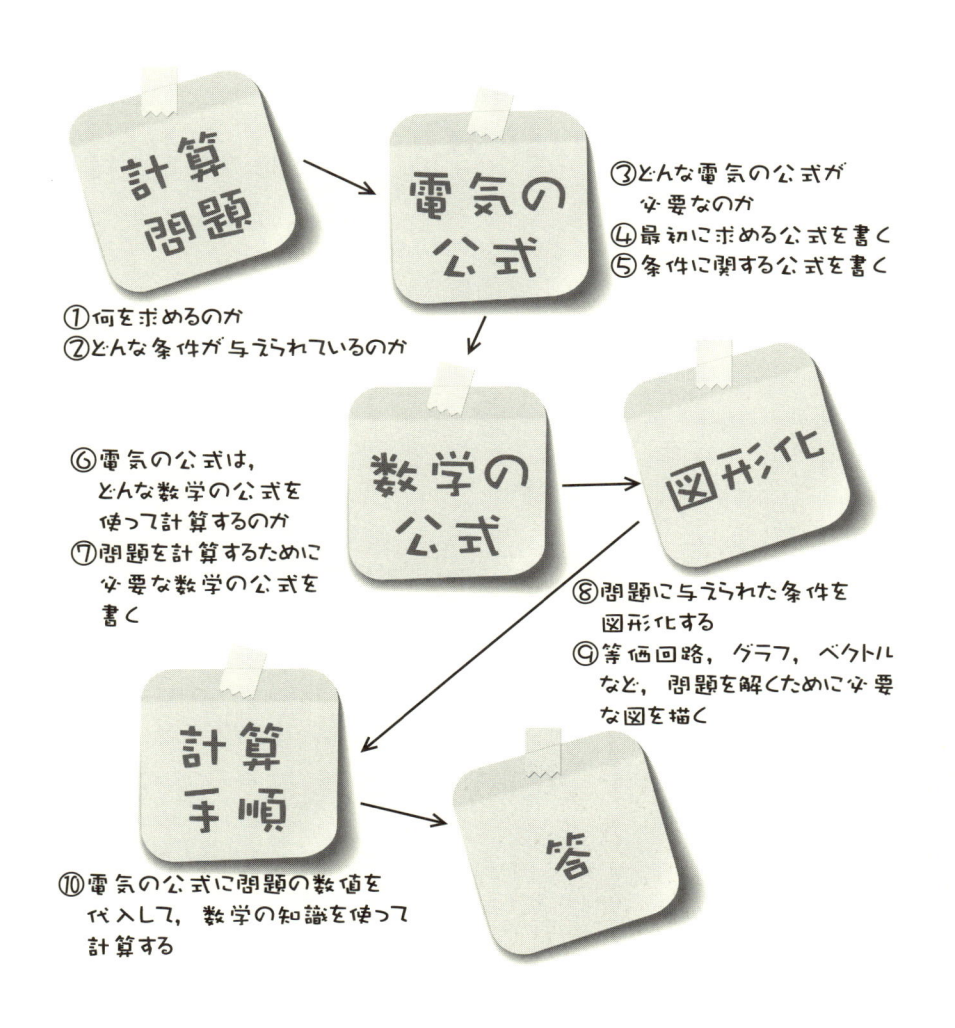

法 規

- 計算問題 → 電気の公式
  - ①何を求めるのか
  - ②どんな条件が与えられているのか
  - ③どんな電気の公式が必要なのか
  - ④最初に求める公式を書く
  - ⑤条件に関する公式を書く

- 電気の公式 → 数学の公式 → 図形化
  - ⑥電気の公式は，どんな数学の公式を使って計算するのか
  - ⑦問題を計算するために必要な数学の公式を書く
  - ⑧問題に与えられた条件を図形化する
  - ⑨等価回路，グラフ，ベクトルなど，問題を解くために必要な図を描く

- 計算手順 → 答
  - ⑩電気の公式に問題の数値を代入して，数学の知識を使って計算する

テーマ98 低圧架空電線の絶縁抵抗の計算

●問 題●

定格容量10〔kV・A〕，一次電圧6 600〔V〕，二次電圧105/210〔V〕の単相変圧器に接続する1回線の単相3線式架空電線路がある．「電気設備に関する技術基準を定める省令」によれば，その絶縁抵抗値は何オーム以上でなければならないか．正しい値を次のうちから選べ．

(1) 2 210　　(2) 4 410　　(3) 6 620
(4) 8 820　　(5) 11 030

電気の公式

(1) 最大供給電流

$$I_m = \frac{P}{E_2} \text{〔A〕}$$

(2) 電線1条当たりの漏えい電流

$$I_g = \frac{I_m}{2\,000} \text{〔A〕}$$

(3) 電線1条当たりの絶縁抵抗

$$R_g = \frac{E_2}{I_g} \text{〔Ω〕}$$

（注）最大供給電流は，変圧器の定格二次電流と考える．

法令の知識

〔技術基準の適用条文〕

① 第22条

低圧の電線路中，絶縁部分の電線と大地との間の絶縁抵抗は，使用電圧に対する漏えい電流が，最大供給電流の1/2 000を超えないように保たなければならない．

② 分数式　$I_g = I_m \times \dfrac{1}{2\,000}$

図形化

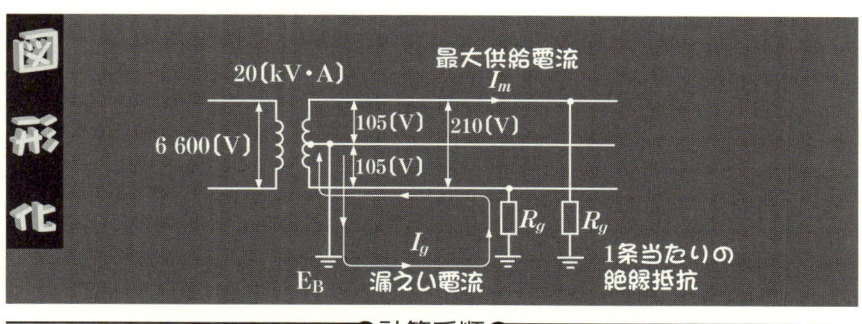

20 (kV·A), 6 600 (V), 105 (V), 210 (V), 最大供給電流 I_m, I_g, E_B, 漏えい電流, R_g, R_g, 1条当たりの絶縁抵抗

●計算手順●

1 変圧器の最大供給電流 I_m を求める．

$$I_m = \frac{10 \times 10^3}{210} \fallingdotseq 47.62 \text{ (A)}$$

2 漏えい電流の最大値 I_{gm} を求める．

$$I_{gm} = \frac{I_m}{2\,000} = \frac{47.62}{2\,000} \fallingdotseq 0.0238 \text{ (A)}$$

3 単相3線式105/210〔V〕配電線路の1線（外線）の対地電圧が105〔V〕であることを考慮して，絶縁抵抗の最小値 R_{gm} を求める．

$$R_{gm} = \frac{105}{0.0238} \fallingdotseq 4\,412 \text{ (Ω)}$$

●答● (2)

テーマ99 絶縁耐力試験に関する計算

●問　題●

　定格電圧64 500/6 900〔V〕の単相変圧器の低圧側巻線の絶縁耐力試験を行う．210/6 300〔V〕の単相変圧器2台を使用して，所定の試験電圧を得るためには，低圧側に何〔V〕の電圧を印加したらよいか．正しい値を次のうちから選べ．

(1)　132.5　　(2)　152.5　　(3)　172.5
(4)　192.5　　(5)　202.5

電気の公式

(1) 最大使用電圧と公称電圧の換算公式

① 公称電圧≦1 000〔V〕の電路
　最大使用電圧＝公称電圧×1.15

② 1 000〔V〕の電路＜公称電圧＜500 000〔V〕の電路
　最大使用電圧＝公称電圧×$\dfrac{1.15}{1.1}$

③ 公称電圧が定められていない電路
　最大使用電圧＝変圧器最高タップ電圧

④ 電路の電源が発電機などの場合
　最大使用電圧＝発電機などの定格電圧

(2) 電路および変圧器の試験電圧

最大使用電圧 E_m〔V〕	変圧器
E_m≦7 000	$1.5E_m$（最低500〔V〕）
7 000＜E_m＜60 000	$1.25E_m$（最低10 500〔V〕）
7 000＜E_m＜15 000（中性点接地）	$0.92E_m$

図形化

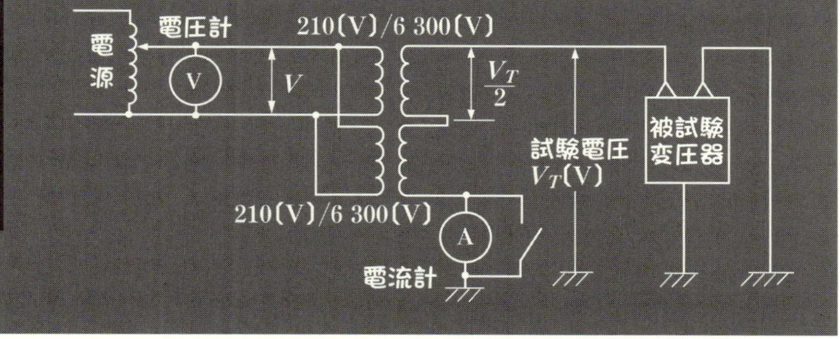

●計算手順●

1 試験電圧 V_T を求める.

V_T＝最大使用電圧×1.5＝6 900×1.5＝10 350〔V〕

2 一次側の電圧計の指示値 V〔V〕を求める.

$V:\frac{V_T}{2}=210:6\,300$ より， $6\,300V=\frac{210V_T}{2}$

$V=\frac{210}{2\times 6\,300}\times 10\,350=172.5$〔V〕

●答● (3)

【類題】 3線一括の静電容量0.48〔μF〕で，最大使用電圧が6.9〔kV〕の電路の耐圧試験を実施するときの必要な試験用変圧器の定格容量〔kV･A〕は，「電気設備技術基準の解釈」に基づいて行う場合はいくらか．正しい値を次のうちから選べ．ただし，電源の周波数は50〔Hz〕とする．

(1) 5 (2) 7.5 (3) 10 (4) 15 (5) 20

【解答】 $P=2\pi fCV_T{}^2$

$=2\times 3.14\times 50\times 0.48\times 10^{-6}\times 12\,350^2\times 10^{-3}$

≒16〔kV･A〕(定格値20〔kV･A〕)

●答● (5)

法規

テーマ100 1線地絡電流とB種接地抵抗の計算

●問 題●

　公称電圧6.6〔kV〕，こう長70〔km〕の三相3線式中性点非接地架空配電線路が，変電所の同一母線から引出されている．この配電線路に接続する柱上変圧器低圧側に施設するB種接地工事の接地抵抗値〔Ω〕の上限はいくらか．正しい値を次のうちから選べ．ただし，変電所の引出口には，高圧側の電路と低圧側の電路が混触した場合に，1秒以内に自動的に高圧電路を遮断する能力をもつ，遮断装置が設置されているものとする．

(1) 100　　(2) 120　　(3) 150　　(4) 170　　(5) 200

電気の公式

(1) B種接地工事の接地抵抗

$$接地抵抗値 \geq \frac{150}{線路の1線地絡電流} 〔Ω〕$$

(2) 混触の際に高圧電路を次の時間内に遮断する場合

(a) 1秒を超え2秒以内の場合

$$B種接地抵抗値 \leq \frac{300}{線路の1線地絡電流} 〔Ω〕$$

(b) 1秒以内の場合

$$B種接地抵抗値 \leq \frac{600}{線路の1線地絡電流} 〔Ω〕$$

(3) 1線地絡電流の計算式

中性点非接地式高圧電路で，電線がケーブル以外のとき

$$I_1 = 1 + \frac{\frac{V}{3}L - 100}{150} 〔A〕$$

206

図形化

三相3線式非接地式高圧架空配電線路
こう長70〔km〕
公称電圧6.6〔kV〕
変電所
母線
対地静電容量
$I_1 \rightarrow$
混触事故
高圧と低圧電路が接触時に1秒以内に自動的に遮断する装置がある。
1線地絡電流 I_1
E_B
低圧配電線路
B種接地工事(R_B〔Ω〕)

●計算手順●

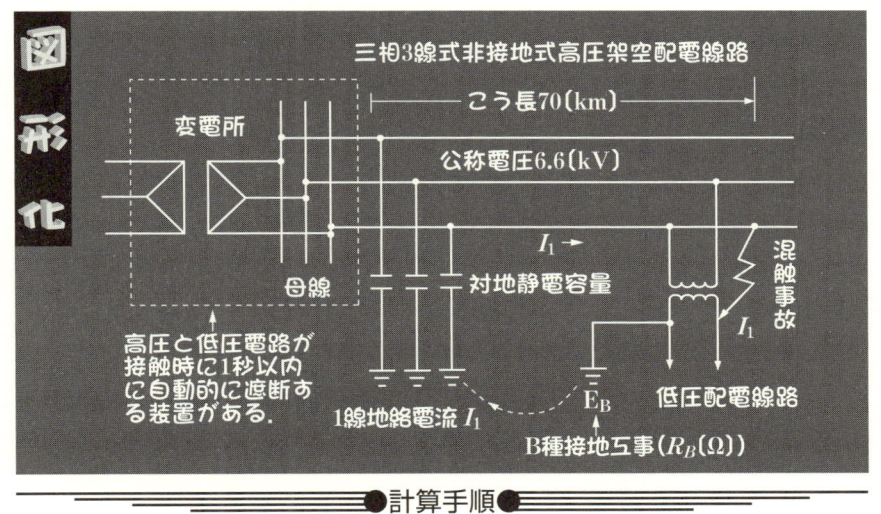

▶1 1線地絡電流の公式に代入する電圧 V を求める．

$$V = \frac{公称電圧}{1.1} = \frac{6.6}{1.1} = 6 \text{〔kV〕}$$

▶2 三相3線式のこう長70〔km〕から，電線延長 L を求める．

$L = 70 \times 3 = 210 \text{〔km〕}$

▶3 1線地絡電流 I_1 を求める．

$$I_1 = 1 + \frac{\frac{V}{3}L - 100}{150} = 1 + \frac{\frac{6}{3} \times 210 - 100}{150}$$

$= 1 + 2.13$

∴ $I_1 = 4 \text{〔A〕}$

(注) "I_1の式の第2項の値は，小数点以下は切り上げる．I_1が2未満となる場合は，2とする．"

と電気設備技術基準の解釈で規定されている．

▶4 B種接地抵抗値 R_B〔Ω〕を求める．

$$R_B \leq \frac{600}{I_1} = \frac{600}{4} = 150 \text{〔Ω〕}$$

●答● (3)

テーマ101 接触時における対地電圧の計算

●問 題●

低圧200〔V〕の電路に電動機が接続されている．この電動機が完全地絡をした場合，接触電圧を50〔V〕以下にするには，D種接地工事の抵抗値は何〔Ω〕以下としなければならないか．正しい値を次のうちから選べ．ただし，人体の抵抗は2〔kΩ〕，人体と大地との接触抵抗は6〔kΩ〕，B種接地抵抗値は100〔Ω〕とする．

(1) 20.5　　(2) 33.5　　(3) 46.5　　(4) 59.5　　(5) 65.5

電気の公式

完全地絡時の等価回路

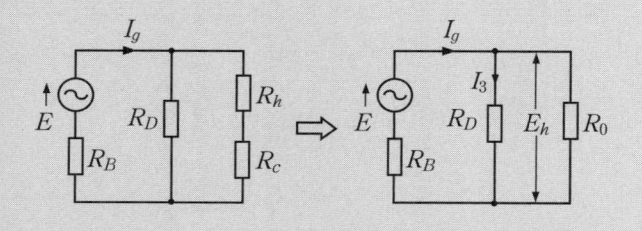

$$E_h = I_g \frac{R_D \cdot R_0}{R_D + R_0} = \frac{R_D \cdot R_0 \cdot E}{R_D \cdot R_0 + R_B(R_D + R_0)} \;\text{〔V〕}$$

ただし，$R_0 = R_h + R_c$ 〔Ω〕

R_h：人体の抵抗〔Ω〕，　　I：地絡電流〔A〕

R_c：人体と大地との接触抵抗〔Ω〕

E_h：接触電圧〔V〕

R_B：B種接地工事の接地抵抗値〔Ω〕

R_D：D種接地工事の接地抵抗値〔Ω〕

E：低圧側の電路電圧〔V〕

図形化

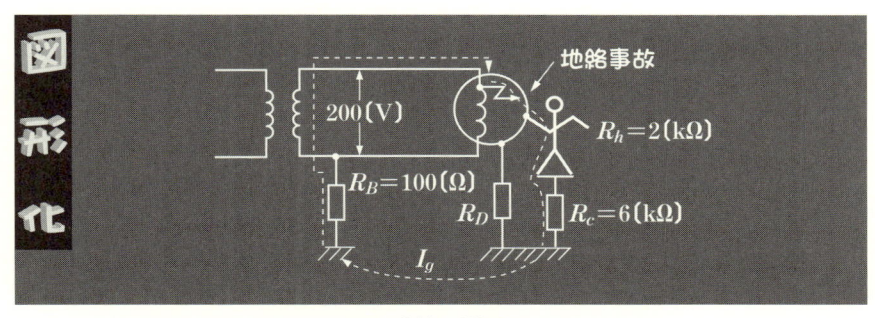

●計算手順●

1. 等価回路より，R_0を求める．

$$R_0 = R_h + R_c = 2 + 6 = 8 \text{ (k}\Omega\text{)} = 8 \times 10^3 \text{ (}\Omega\text{)}$$

2. 全合成抵抗 R 〔Ω〕を求める．

$$R = R_B + R_m$$

$$= R_B + \frac{R_D R_0}{R_D + R_0} = \frac{R_B(R_D + R_0) + R_D R_0}{R_D + R_0} \text{ (}\Omega\text{)}$$

3. 接触電圧 E_h を求める．

$$E_h = I_g R_m = \frac{E}{R} R_m$$

$$= \frac{R_D R_0 E}{R_D R_0 + R_B(R_D + R_0)}$$

4. 上式に問題の数値を代入する．

$$50 = \frac{R_D \times 8 \times 10^3 \times 200}{R_D \times 8 \times 10^3 + 100 \times (R_D + 8 \times 10^3)}$$

上式を整理すると，次式のように求められる．

$$400\,000 R_D + 5\,000 R_D + 40\,000\,000 = 1\,600\,000 R_D$$

$$4\,050 R_D + 400\,000 = 16\,000 R_D$$

$$16\,000 R_D - 4\,050 R_D = 400\,000$$

$$\therefore \quad R_D = \frac{400\,000}{11\,950} = 33.5 \text{ (}\Omega\text{)}$$

●答● (2)

テーマ102 引留め柱の支線条数の計算

●問 題●

図のような高圧配電線路の引留め箇所がある．これに使用する木柱に，直径2.3〔mm〕の鋼線を素線とする支線を，「電気設備技術基準の解釈」により施設する場合，支線の条数は何条とすればよいか．正しい値を次のうちから選べ．ただし，電線の水平張力は8 800〔N〕，支線に用いる素線の引張荷重を780〔N/mm²〕とする．

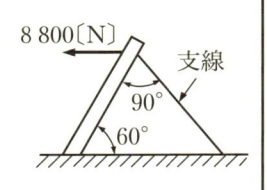

(1) 2 　　(2) 4 　　(3) 6 　　(4) 8 　　(5) 10

電気の公式

(1) 支線の許容引張荷重

$$T_0 = \frac{素線の引張荷重 \times (\pi D^2/4) \times N \times K}{安全率} \text{〔N〕}$$

　　D：素線の直径〔mm〕，N：支線の条数
　　K：より合わせによる引張荷重減少係数（小数）

(2) 引留め柱の支線の安全率は1.5以上

(3) 電線の水平張力 P と支線の許容引張荷重 T_0 の関係で支持物が地面に φ 角で傾斜して施設する場合

$$T_0 = \frac{\sin \varphi}{\sin \theta} P \text{〔N〕}$$

数学の公式

正弦法則

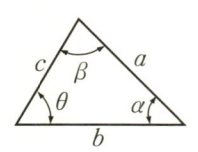

$$\frac{c}{\sin \alpha} = \frac{b}{\sin \beta} = \frac{a}{\sin \theta}$$

図形化

支持物が地面にφ角で傾斜している場合

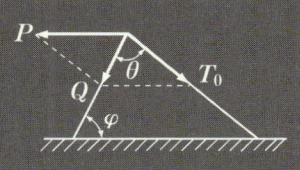

P：電線の水平張力〔N〕
T_0：支線の許容引張荷重〔N〕

正弦法則
$$\frac{P}{\sin\theta} = \frac{T_0}{\sin\varphi}$$

●計算手順●

1 支線の受ける許容引張荷重 T_0 を求める．

$$T_0 = \frac{\sin\varphi}{\sin\theta} P = \frac{\sin 60°}{\sin 90°} \times 8\,800 = \frac{\sqrt{3}}{2} \times 8\,800$$

$$\fallingdotseq 7\,610 \,\text{〔N〕}$$

2 素線1条の引張強さ t〔N〕を求める．

$$t = 素線の引張荷重 \times 断面積 \frac{\pi D^2}{4}$$

$$= 780 \times \frac{3.14 \times 2.3^2}{4} \fallingdotseq 3\,240 \,\text{〔N〕}$$

3 支線の条数 N を求める．

$$N = \frac{T_0 \times 安全率}{素線1条の引張強さ t}$$

$$= \frac{7\,610 \times 1.5}{3\,240} = 3.52$$

求める支線の条件は，4条になる．

【注意】 安全率は原則として2.5以上であるが，引留め柱に施設する支線にあっては安全率は1.5以上でよい．

●答● (2)

テーマ103 電線の風圧荷重の計算

●問題●

氷雪の多い地方（海岸地その他の低温季に最大風圧を生ずる地方を除く．）において，電線に断面積38〔mm^2〕（7/2.6〔mm〕）の硬銅より線を使用する特別高圧架空電線路がある．この電線1条の長さ1〔m〕の部分に加わる水平風圧による荷重について，電気設備技術基準の解釈によれば，（ア）高温季の荷重〔N〕および（イ）低温季の荷重〔N〕は，それぞれいくらとなるか．正しい値を組み合わせたものを次のうちから選べ．

	高温季の荷重	低温季の荷重		高温季の荷重	低温季の荷重
(1)	7.6	3.8	(2)	9.7	7.6
(3)	7.6	9.7	(4)	10.6	9.7
(5)	9.7	10.6			

電気の公式

(1) 電気設備技術基準の解釈第58条

(2) 電線1条の長さ1〔m〕当たりに水平方向に加わる荷重

　水平風圧荷重＝風圧〔Pa〕×垂直投影面積〔m^2〕

ただし，一般の電線は，

　甲種風圧荷重は，980〔Pa〕とする．

　乙種風圧荷重，丙種風圧荷重は甲種風圧荷重の1/2とする．

数学の知識

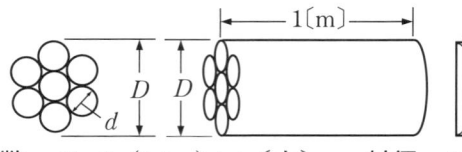

素線の総数　$N = 3n(1+n) + 1$〔本〕　　外径　$D = (1+2n)d$〔mm〕

断面積　$A = aN$〔mm^2〕　　n：素線の層数

d：素線の直径〔mm〕　　a：素線1本の断面積〔mm^2〕

図形化

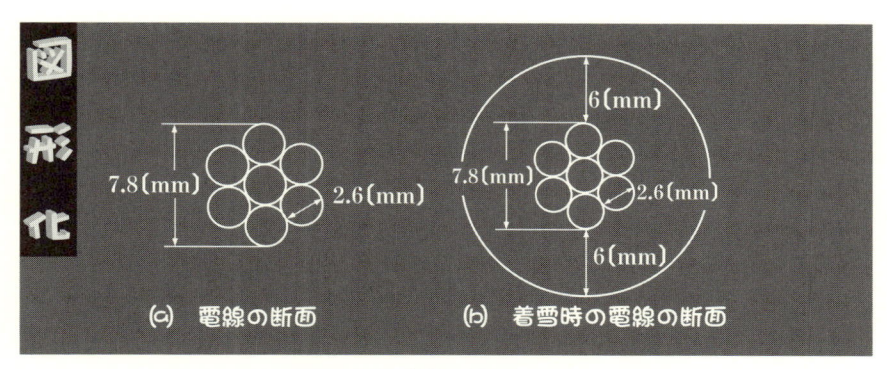

(a) 電線の断面 — 7.8 (mm), 2.6 (mm)

(b) 着雪時の電線の断面 — 6 (mm), 7.8 (mm), 2.6 (mm), 6 (mm)

●計算手順●

1 高温季

断面積38〔mm^2〕（7/2.6〔mm〕）の硬銅より線の断面を示すと，図(a)のようになる．（図形化）

したがって，電線1条1〔m〕の垂直投影面積Sは，

$$S = 3 \times 2.6 \times 10^{-3} \times 1 = 7.8 \times 10^{-3} \ [m^2]$$

高温季においては甲種風圧荷重が適用されるので，求める水平風圧による荷重W_Hは，

$$W_H = 980 \times 7.8 \times 10^{-3} = 7.644 \ [N]$$

となる．

2 低温季

問題の地方では，低温季に乙種風圧荷重が適用されるので，電線の周囲に厚さ6〔mm〕，比重0.9の氷雪が付着した状態を示すと，図(b)のようになる．（図形化）

したがって，氷雪が付着した場合の電線1条1〔m〕の垂直投影面積S'は，

$$S' = (3 \times 2.6 + 2 \times 6) \times 10^{-3} \times 1 = 19.8 \times 10^{-3} \ [m^2]$$

よって，求める低温季の水平風圧による荷重W_Lは，

$$W_L = 490 \times 19.8 \times 10^{-3} = 9.702 \ [N]$$

となる．

●答● (3)

テーマ104 架空送電線路のたるみの計算

●問 題●

直径6〔mm〕の硬銅線（電線の質量による荷重2.45〔N/m〕）を架線した径間200〔m〕の架空送電線路がある．この送電線の氷雪の多い地方（ただし，低温季に最大風速を生じない地方）を通過しており，低温季には乙種風圧荷重が適用されるものとすると，たるみは最低何メートルとしなければならないか．正しい値を次のうちから選べ．ただし，電線の許容引張荷重は9 800〔N〕，支持点間の高低差はないものとする．

(1) 3.5   (2) 4.0   (3) 4.5   (4) 5.0   (5) 5.5

電気の公式

(1) 電線のたるみ

$$D = \frac{WS^2}{8T} \text{〔m〕}$$

　S：径間〔m〕，T：電線の水平張力〔N〕
　W：電線の質量による1〔m〕当たりの荷重〔N〕

(2) 氷雪荷重　$W_s =$ 比重×氷雪断面積×長さ〔N〕

(3) 風圧荷重　$W_w =$ 乙種風圧荷重×垂直投影面積〔N〕

(4) 合成荷重　$W = \sqrt{(W_c + W_s)^2 + W_w^2}$〔N〕

　W_c：電線の質量による荷重〔N〕

数学の知識

ベクトル図の合成

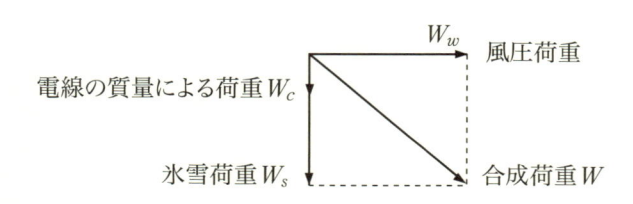

電線の質量による荷重 W_c　　　　W_w 風圧荷重
氷雪荷重 W_s　　　　　　　　　　合成荷重 W

図形化

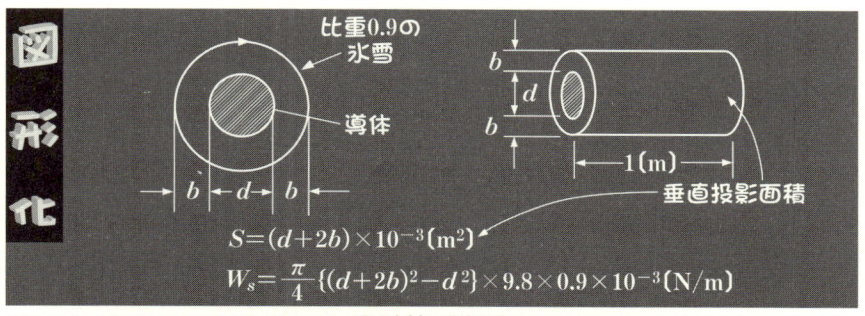

$S = (d+2b) \times 10^{-3} \, [\text{m}^2]$

$W_s = \dfrac{\pi}{4}\{(d+2b)^2 - d^2\} \times 9.8 \times 0.9 \times 10^{-3} \, [\text{N/m}]$

━━━━━━●計算手順●━━━━━━

▷1 氷雪荷重 W_s を求める．

$$W_s = \dfrac{\pi}{4}\{(d+2b)^2 - d^2\} \times 0.9 \times 10^{-3} \times 9.8$$

$$= \dfrac{\pi}{4}\{(6+2\times 6)^2 - 6^2\} \times 0.9 \times 10^{-3} \times 9.8$$

$$\fallingdotseq 2 \, [\text{N/m}]$$

▷2 電線1条の長さ1〔m〕当たりの垂直投影面積 S を求める．

$$S = (d+2b) \times 10^{-3} = (6+2\times 6) \times 10^{-3} = 18 \times 10^{-3} \, [\text{m}^2/\text{m}]$$

▷3 電線1条の長さ1〔m〕当たりの風圧荷重 W_w を求める．

乙種風圧荷重は，低温季において，厚さ6〔mm〕，比重0.9の氷雪が電線に付着し，甲種風圧荷重の1/2の風圧があるとした場合の荷重である．

$$W_w = \text{甲種風圧}980 \, [\text{Pa}] \times \dfrac{1}{2} \times \text{垂直投影面積} \, [\text{m}^2/\text{m}]$$

$$= \dfrac{980}{2} \times 18 \times 10^{-3} = 8.82 \, [\text{N/m}]$$

▷4 合成荷重 W を求める．

$$W = \sqrt{(W_c + W_s)^2 + W_w^2} = \sqrt{(2.45+2)^2 + 8.82^2}$$

$$\fallingdotseq 9.8 \, [\text{N/m}]$$

▷5 電線のたるみ D を求める．

$$D = \dfrac{WS^2}{8T} = \dfrac{9.8 \times 200^2}{8 \times 9\,800} = 5 \, [\text{m}]$$

●答● (4)

テーマ105 調整池式発電所の出力の計算

●問 題●

自然流量5〔m³/s〕の河川に，貯水量124 000〔m³〕の調整池が設けられている．この調整池を利用して，ピーク時間6時間の負荷に電力を供給するものとすると，オフピーク時間に発電できる電力〔kW〕はいくらか．正しい値を次のうちから選べ．ただし，有効落差100〔m〕，発電所総合効率を80〔%〕とする．

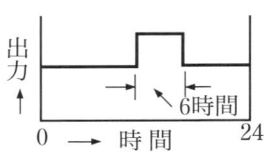

(1) 2 109　(2) 2 259　(3) 2 389
(4) 2 419　(5) 2 559

電気の公式

(1) 調整池の有効貯水量

$$V = 3\,600(Q_a - Q_0)(24 - T)\ \text{〔m}^3\text{〕}$$

Q_a：平均流量〔m³/s〕（自然流量，河川流量）
Q_0：オフピーク時の流量〔m³/s〕，T：ピーク時間〔h〕

(2) オフピーク出力

$$P_0 = 9.8 Q_0 H \eta\ \text{〔kW〕}$$

Q_0：オフピーク時の流量〔m³/s〕，H：有効落差〔m〕
η：水車，発電機の総合効率〔小数〕

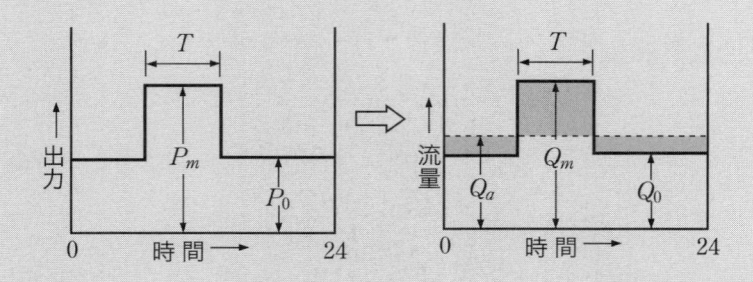

図形化

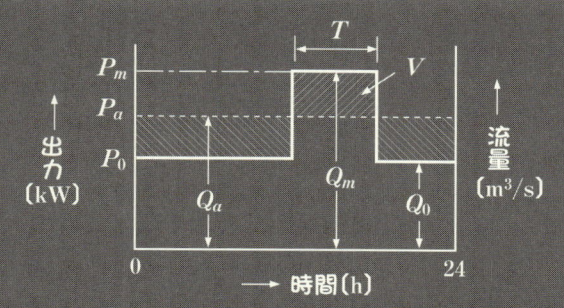

Q_m:最大使用水量〔m³/s〕
Q_a:1日平均使用水量(河川流量〔m³/s〕)
Q_0:オフピーク時の使用水量〔m³/s〕
T:ピーク継続時間〔h〕
P_m:最大出力〔kW〕
P_a:平均出力〔kW〕
P_0:オフピーク時の出力〔kW〕

●計算手順●

1️⃣ 有効貯水量 V の公式より，オフピーク時の流量を求める．

$$V = 3\,600(Q_a - Q_0)(24 - T)$$

$$Q_a - Q_0 = \frac{V}{3\,600(24-T)}$$

$$Q_0 = Q_a - \frac{V}{3\,600(24-T)}$$

$$= 5 - \frac{124\,000}{3\,600 \times (24-6)} = 3.086 \ \text{〔m}^3/\text{s〕}$$

2️⃣ オフピーク時の出力 P_0 を求める．

$$P_0 = 9.8 Q_0 H \eta = 9.8 \times 3.086 \times 100 \times 0.8$$
$$= 2\,419 \ \text{〔kW〕}$$

●答● (4)

テーマ106 流況曲線に関する出力の計算

●問 題●

図のような流況曲線の河川において，最大使用流量90〔m^3/s〕，最小使用流量36〔m^3/s〕，有効落差80〔m〕，総合効率84〔%〕の水力発電所の年間発生電力量〔MW·h〕はいくらか．正しい値を次のうちから選べ．ただし，有効落差，総合効率は使用流量にかかわらず一定とする．

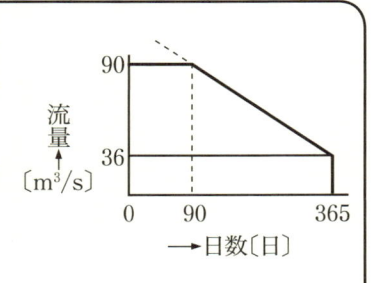

(1) 2.0×10^5 (2) 2.8×10^5 (3) 3.6×10^5
(4) 4.0×10^5 (5) 4.8×10^5

電気の公式

(1) 発電所の年間発生電力量

$$W = 9.8QH\eta \times 24 \times 365 \text{ 〔kW·h〕}$$

(2) 年間平均流量 Q〔m^3/s〕

$$Q = \frac{長方形面積A + 台形面積B}{365}$$

H：有効落差〔m〕
η：総合効率〔小数〕

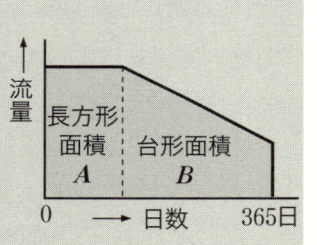

数学の公式

(1) 三角形の面積 $S = \dfrac{1}{2} \times 〔高さ〕 \times 〔底辺〕$

(2) 長方形の面積 $S = 2辺の積 (a \times b)$

(3) 台形の面積 $S = \dfrac{(〔上底〕+〔下底〕) \times 〔高さ〕}{2}$

図形化

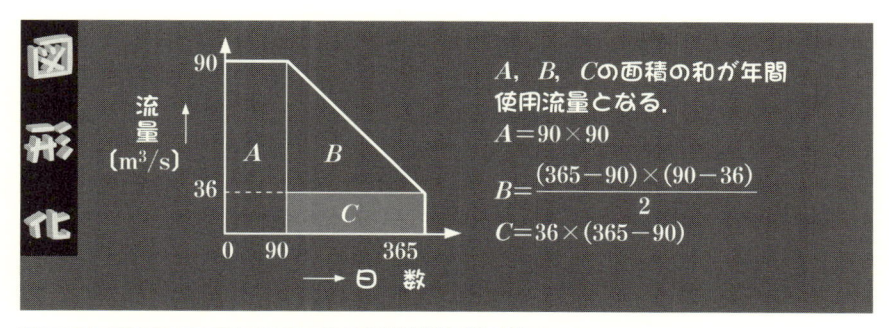

グラフ: 流量 [m³/s], 縦軸 90, 36; 横軸 日数 0, 90, 365; 領域 A, B, C

A, B, Cの面積の和が年間使用流量となる.
$A = 90 \times 90$
$B = \dfrac{(365-90) \times (90-36)}{2}$
$C = 36 \times (365-90)$

●計算手順●

1 最大出力 P_{max} を求める.

$P_{max} = 9.8QH\eta = 9.8 \times 90 \times 80 \times 0.84 = 59\,270$ 〔kW〕
$= 59.27$ 〔MW〕

2 最小出力 P_{min} を求める.

$P_{min} = 9.8QH\eta = 9.8 \times 36 \times 80 \times 0.84 = 23\,708$ 〔kW〕
$= 23.7$ 〔MW〕

3 年間発生電力量 W を求める.

$W = 59.27 \times 90 \times 24 + \dfrac{59.27 + 23.7}{2} \times (365-90) \times 24$

$= 401\,824 \fallingdotseq 4.0 \times 10^5$ 〔MW・h〕

●答● (4)

【別解】 ① 年間平均流量を求める.

$Q = \dfrac{90 \times 90 + (36+90)(365-90)/2}{365} = \dfrac{25\,425}{365}$

$= 69.65$ 〔m³/s〕

② 年間発生電力量を求める.

$W = 9.8QH\eta \times 24 \times 365$

$= 9.8 \times 80 \times 0.84 \times \dfrac{25\,425}{365} \times 24 \times 365$

$= 9.8 \times 25\,425 \times 80 \times 0.84 \times 24 = 4.0185 \times 10^8$ 〔kW・h〕

$= 4 \times 10^5$ 〔MW・h〕

テーマ107 負荷持続曲線に関する出力の計算

●問 題●

ある需要家の1日の負荷持続曲線は図のとおりである．需要家内に設備容量1 500〔kW〕，1日の利用率70〔%〕の発電機を有するとき，1日の受電電力量〔kW・h〕はいくらか．正しい値を次のうちから選べ．

(1) 32 400　　(2) 46 500　　(3) 64 800
(4) 75 600　　(5) 100 800

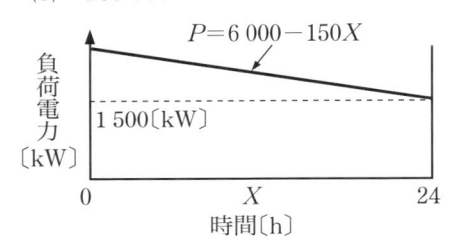

縦軸：負荷電力〔kW〕，横軸：時間〔h〕
$P = 6\,000 - 150X$
1 500〔kW〕
0，X，24

電気の公式

(1) 1日の負荷電力量 W_L
　　負荷電力量 =（負荷の最大電力 + 負荷の最小電力）
　　　　　　　　　　　　　×24時間×(1/2)〔kW・h〕

(2) 自家発電により，1日当たり発電される電力量
　　W_G = 設備容量 × 利用率 × 24〔kW・h〕

(3) 1日の受電電力量 W
　　W = 負荷電力量 − 発電電力量 = $W_L - W_G$

数学の公式

(1) 三角形の比の公式

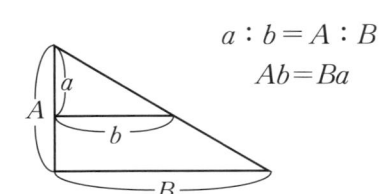

$$a : b = A : B$$
$$Ab = Ba$$

(2) 三角形の面積

$$S = \frac{1}{2}AB$$

(3) 台形の面積

$$S = \frac{(b+B)(A-a)}{2}$$

図形化

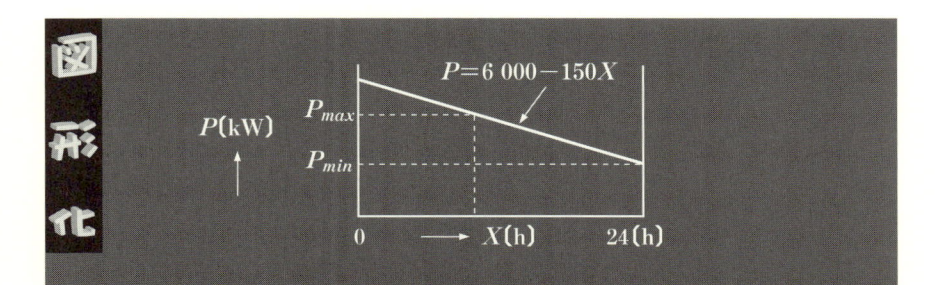

(グラフ: P(kW) 縦軸, X(h) 横軸, $P=6000-150X$ の直線, P_{max}, P_{min} を示す, X は 0 から 24(h))

●計算手順●

▷1 負荷持続曲線の式から最大電力と最小電力を求める.

$P = 6000 - 150X$

最大は $X=0$, 最小は $X=24$ であるから,

最大電力 $P_{max} = 6000$ 〔kW〕

最小電力 $P_{min} = 6000 - 150 \times 24$
$= 2400$ 〔kW〕

▷2 1日の負荷電力量 W_L を求める.

$$W_L = \frac{P_{max} + P_{min}}{2} \times 24$$

$$= \frac{6000 + 2400}{2} \times 24$$

$$= 100800 \text{ 〔kW·h〕}$$

▷3 自家発電による1日の発電電力量 W_G を求める.

$W_G =$ 設備容量 × 利用率 × 24 $= 1500 \times 0.7 \times 24$
$= 25200$ 〔kW·h〕

▷4 1日の受電電力量 W を求める.

$W = W_L - W_G$
$= 100800 - 25200$
$= 75600$ 〔kW·h〕

●答● (4)

テーマ108 需要率・不等率に関する計算

●問題●

ある工場の取付負荷設備の合計はP〔kW〕であり，そのうち60〔％〕が動力負荷，残りが電灯負荷である．需要率は電灯負荷60〔％〕，動力負荷40〔％〕である．電灯負荷と動力負荷との間の不等率を1.5とすれば，この工場の受電用変電設備の容量〔kV・A〕は，いくらにすればよいか．正しい値を次のうちから選べ．ただし，負荷の総合力率は80〔％〕とする．

(1) $0.2P$ (2) $0.3P$ (3) $0.4P$ (4) $0.5P$ (5) $0.6P$

電気の公式

(1) 合成最大需要電力

$$\text{合成最大需要電力} = \frac{\text{各負荷の最大需要電力の和〔kW〕}}{\text{不等率}}$$

(2) 需要率 $\alpha = \dfrac{\text{最大需要電力〔kW〕}}{\text{負荷設備の総容量〔kW〕}} \times 100$ 〔％〕

(3) 不等率 $\beta = \dfrac{\text{最大需要電力の総和〔kW〕}}{\text{合成最大需要電力〔kW〕}}$

$$= \frac{P_L + P_M}{P_0}$$

P_L：電灯負荷の最大需要電力〔kW〕
P_M：電動機負荷の最大需要電力〔kW〕

(4) 最大需要電力

$$P_i = \alpha_i \cdot \gamma_i \cdot P \text{〔kW〕}$$

α_i：需要率，γ_i：設備容量比率
P_i：最大需要電力〔kW〕
P：全負荷設備〔kW〕

図形化

Tr — L, M間の不等率1.5

最大需要電力P_L　　　P_M最大需要電力

Ⓛ　　　Ⓜ

電灯負荷　　電力負荷
（需要率60〔%〕）　（需要率40〔%〕）

●計算手順●

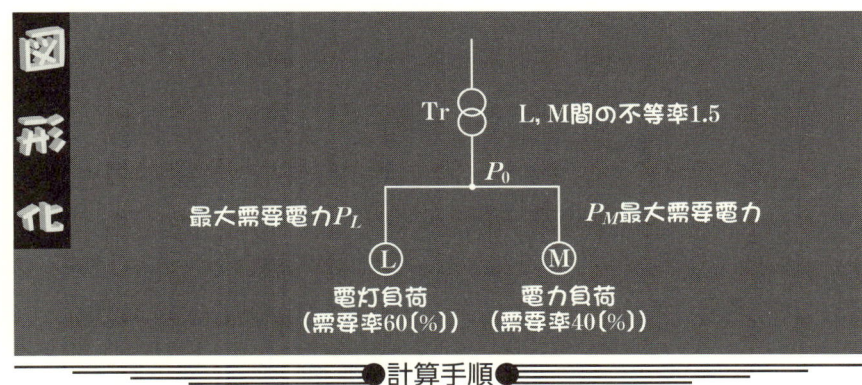

1. 電灯負荷と動力負荷の設備容量K_L, K_Mを求める．

    $K_L = 0.4P$, $K_M = 0.6P$

2. 需要率α_L, α_Mを求める．

    $\alpha_L = 0.6$, $\alpha_M = 0.4$

3. 最大需要電力を求める．

    (ア) 電灯負荷

    $P_L = \alpha_L \cdot K_L = 0.6 \times 0.4P = 0.24P$

    (イ) 動力負荷

    $P_M = \alpha_M \cdot K_M = 0.4 \times 0.6P = 0.24P$

4. 合成最大需要電力P_0を求める．

    $$P_0 = \frac{P_L + P_M}{\beta} = \frac{0.24P + 0.24P}{1.5}$$

    $= 0.32P 〔\text{kW}〕$

5. 変電所設備容量を求める．

    $$変電所設備容量 \geq \frac{P_0}{\cos\theta}$$

    $$\geq \frac{0.32P}{0.8} \geq 0.4P 〔\text{kV·A}〕$$

●答● (3)

テーマ109 日負荷曲線による総合負荷率の計算

●問 題●

図のような日負荷曲線を有する負荷A，Bに供給している変電所がある．この変電所の総合負荷について，次の(a)および(b)について答えよ．ただし，負荷AおよびBの負荷率は，それぞれ69〔％〕および48〔％〕とし，また，力率は時間に関係なく一定で，負荷A，Bとも80〔％〕とする．

(a) 最大負荷時における総合負荷率〔％〕はいくらか．
　　(1) 50　(2) 55　(3) 62　(4) 68　(5) 70

(b) 最大負荷時における総合力率〔％〕はいくらか．
　　(1) 50　(2) 60　(3) 70　(4) 80　(5) 85

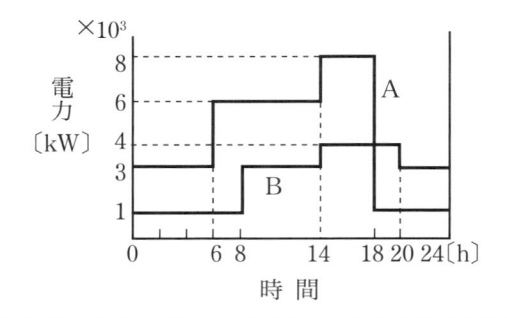

電気の公式

$$総合負荷率 = \frac{総合の平均電力}{合成最大電力} \times 100 〔％〕$$

$$総合力率 = \frac{全有効電力}{全皮相電力} \times 100 〔％〕$$

図形化

合成最大電力

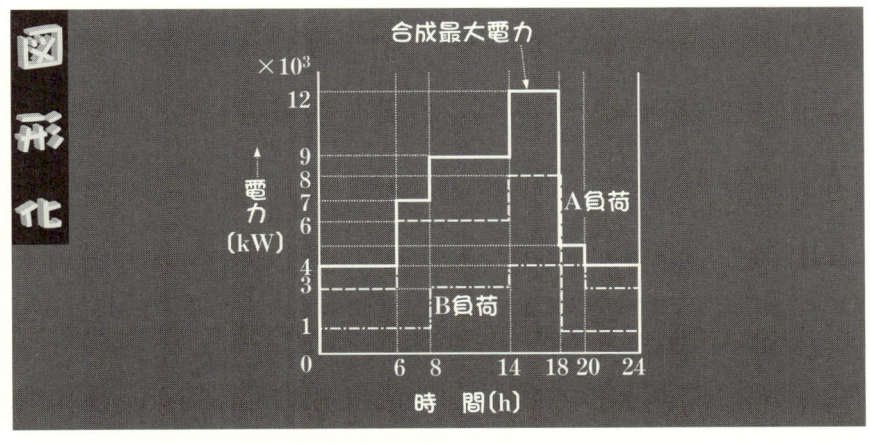

[グラフ: 電力(kW) vs 時間(h)、A負荷とB負荷の負荷曲線]

━━━━●計算手順●━━━━

1 A負荷とB負荷の総合平均電力を求める．

総合平均電力 $= 8\,000 \times 0.69 + 4\,000 \times 0.48$
$= 5\,520 + 1\,920 = 7\,440$ 〔kW〕

2 合成最大電力を求める．（図形化参照）

合成最大電力 $= 8\,000 + 4\,000 = 12\,000$ 〔kW〕

3 総合負荷率 $= \dfrac{7\,440}{12\,000} \times 100 = 62$ 〔％〕

4 最大負荷時の全有効電力 P を求める．

$P = 8\,000 + 4\,000 = 12\,000$ 〔kW〕

5 最大負荷時の全無効電力 Q を求める．

$Q = 8\,000 \times \dfrac{\sqrt{1-0.8^2}}{0.8} + 4\,000 \times \dfrac{\sqrt{1-0.8^2}}{0.8}$

$= 8\,000 \times \dfrac{0.6}{0.8} + 4\,000 \times \dfrac{0.6}{0.8} = 12\,000 \times \dfrac{0.6}{0.8}$

$= 9\,000$ 〔kvar〕

6 総合力率 $= \dfrac{12\,000}{\sqrt{12\,000^2 + 9\,000^2}} \times 100 = 80$ 〔％〕

●答● (a) — (3), (b) — (4)

テーマ110 力率改善による電力損失減少の計算

●問 題●

2 000〔kW〕，遅れ力率0.8の負荷に電力を供給している三相3線式配電線路があり，線路の電力損失は，100〔kW〕である．この負荷と並列に500〔kvar〕のコンデンサを施設すると，線路の電力損失は何〔kW〕減少するか．正しい値を次のうちから選べ．ただし，負荷端の電圧は，一定に保たれているものとする．

(1) 16　　(2) 18　　(3) 20　　(4) 22　　(5) 24

電気の公式

(1) 線路損失と皮相電力の関係（受電端電圧一定）

$$P_{l2} = \left(\frac{S_2}{S_1}\right)^2 P_{l1} \, \text{〔W〕}$$

(2) 線路損失と力率の関係（受電端電圧一定）

$$P_{l2} = \left(\frac{\cos\theta_1}{\cos\theta_2}\right)^2 P_{l1} \, \text{〔W〕}$$

P_{l1}, S_1：コンデンサ設置前の線路損失と皮相電力
P_{l2}, S_2：コンデンサ設置後の線路損失と皮相電力
$\cos\theta_1$：負荷力率
$\cos\theta_2$：コンデンサ設置後の負荷側総合力率

数学の公式

(1) 反比例の基本式

$$y = \frac{a}{x} \quad (a：一定)$$

(2) 反比例を比の式で表す

$$y_1 : y_2 = \frac{1}{x_1} : \frac{1}{x_2}$$

(3) 比例の基本式

$$y = ax \quad (a：一定)$$

(4) 比例を比の式で表す

$$y_1 : y_2 = x_1 : x_2$$

図形化

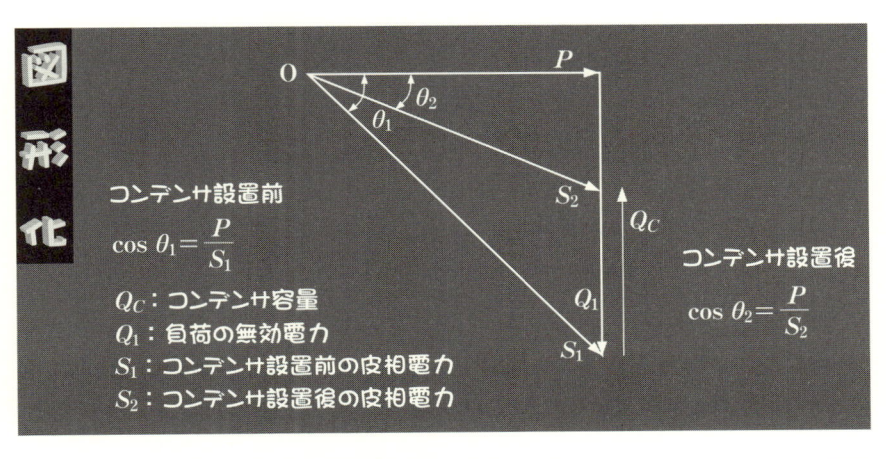

コンデンサ設置前
$$\cos\theta_1 = \frac{P}{S_1}$$

Q_C：コンデンサ容量
Q_1：負荷の無効電力
S_1：コンデンサ設置前の皮相電力
S_2：コンデンサ設置後の皮相電力

コンデンサ設置後
$$\cos\theta_2 = \frac{P}{S_2}$$

● 計算手順 ●

1 負荷の皮相電力 S および無効電力 Q を求める．

$$S = \frac{2\,000}{0.8} = 2\,500 \ \text{[kV·A]}$$

$$Q = 2\,500 \times 0.6 = 1\,500 \ \text{[kvar]}$$

2 負荷と並列に 500 [kvar] のコンデンサを施設したときの合成皮相電力 S' を求める．

$$S' = \sqrt{2\,000^2 + (1\,500 - 500)^2} \fallingdotseq 2\,236.1 \ \text{[kV·A]}$$

3 線路の電力損失が負荷の皮相電力の2乗に比例することから，コンデンサを施設した場合の線路の電力損失 P_l' を求める．

$$P_l' = 100 \times \left(\frac{2\,236.1}{2\,500}\right)^2 \fallingdotseq 80.0 \ \text{[kW]}$$

4 電力損失減少量 ΔP_l を求める．

$$\Delta P_l = P_l - P_l' = 100 - 80.0 = 20.0 \ \text{[kW]}$$

● 答 ● (3)

テーマ111 変圧器の全日効率の計算

●問題●

定格容量100〔kV・A〕の変圧器があり，鉄損は0.75〔kW〕，全負荷銅損は1〔kW〕である．この変圧器を1日を通じて8時間ずつ，全負荷，3/4負荷および無負荷で使用するものとすれば，全日効率〔%〕はいくらか．正しい値を次のうちから選べ．ただし，負荷の力率は100〔%〕とする．

(1) 93.5　(2) 94.6　(3) 95.7　(4) 96.8　(5) 97.9

電気の公式

(1) 全日効率 $\eta_d = \dfrac{1日中の出力電力量〔kW \cdot h〕}{1日中の入力電力量〔kW \cdot h〕} \times 100$ 〔%〕

$\eta_d = \dfrac{1日中の出力電力量〔kW \cdot h〕}{1日中の出力，鉄損，銅損電力量の和〔kW \cdot h〕} \times 100$ 〔%〕

(2) 変圧器の最高効率となるときの負荷 P

$$\left(\dfrac{P}{P_n}\right)^2 \times W_c = W_i$$

$$P = \sqrt{\dfrac{W_i}{W_c}} P_n$$

P_n：変圧器の定格容量〔kV・A〕
W_i：鉄損〔W〕，W_c：全負荷時銅損〔W〕

数学の公式

最小の定理

二つの正数があって，その積が一定であれば，2数の和は2数が等しいとき最小となる．

図形化

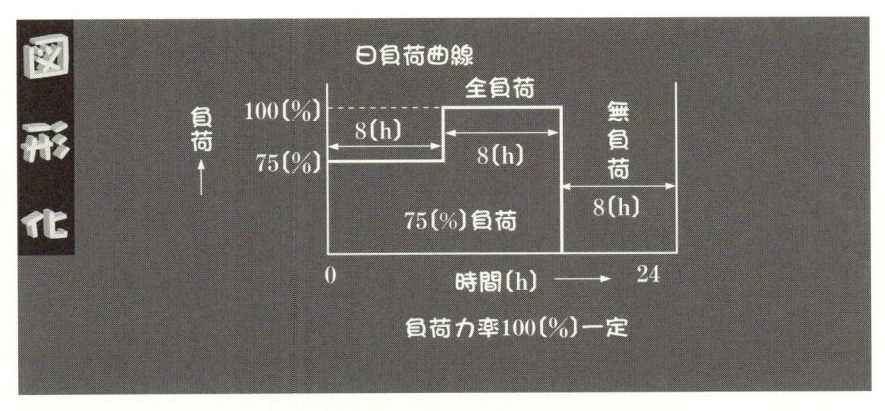

日負荷曲線

負荷 100(%) 全負荷 無負荷
75(%) 8(h) 8(h) 8(h)
75(%)負荷
0 時間(h) → 24
負荷力率100(%)一定

──●計算手順●──

1. 変圧器の1日の出力電力量 W を求める.

$$W = 100 \times 8 + \frac{3}{4} \times 100 \times 8 = 1\,400 \text{ [kW·h]}$$

2. 変圧器の1日の鉄損による損失電力量 W_i を求める.

$$W_i = 0.75 \times 24 = 18 \text{ [kW·h]}$$

3. 変圧器の1日の銅損による損失電力量 W_c を求める.

$$W_c = 1 \times 8 + 1 \times \left(\frac{3}{4}\right)^2 \times 8 = 12.5 \text{ [kW·h]}$$

4. 変圧器の全日効率 η_d を求める.

$$\eta_d = \frac{1\,400}{1\,400 + 18 + 12.5} \times 100 \fallingdotseq 97.9 \text{ [%]}$$

●答● (5)

　　　　　　　　　　　　　　　　　　　　　　　　Ⓒ Denkishoin　2013

　　　　　　　　　　　　電験3種
　　　　　　　　　　　計算問題早わかり
　　　　　　　2001年2月25日　第1版第1刷発行
　　　　　　　2013年4月30日　第2版第1刷発行

　　　　　　　　　著　者　電気書院編集部
　　　　　　　　　発行者　田中　久米四郎
　　　　　　　　　　　　発　行　所
　　　　　　　　　株式会社　電　気　書　院
　　　　　　　　　　www.denkishoin.co.jp
　　　　　　　　　振替口座　00190-5-18837
　　　　　　　　　　　〒 101-0051
　　　　　　　　東京都千代田区神田神保町 1-3 ミヤタビル 2F
　　　　　　　　　　電話　(03)5259-9160
　　　　　　　　　　FAX　(03)5259-9162

ISBN 978-4-485-12019-4　　　　　㈱シナノパブリッシングプレス
Printed in Japan

● 万一，落丁・乱丁の際は，送料当社負担にてお取り替えいたします．神田
　営業所までお送りください．
● 正誤のお問合せにつきましては，書名を明記の上，編集部宛に郵送・FAX
（03-5259-9162）いただくか，当社ホームページの「お問い合わせ」をご利用く
ださい．電話での質問はお受けできません．正誤以外の詳細な解説・受験指導
は行っておりません．

　　　JCOPY　〈㈳出版者著作権管理機構　委託出版物〉
　　　本書の無断複写（電子化含む）は著作権法上での例外を除き
　　禁じられています．複写される場合は，そのつど事前に，㈳出
　　版者著作権管理機構（電話：03-3513-6969，FAX：03-3513-6979，
　　e-mail: info@jcopy.or.jp）の許諾を得てください．
　　　また本書を代行業者等の第三者に依頼してスキャンやデジタル
　　化することは，たとえ個人や家庭内での利用であっても一切認め
　　られません．